物理能量转换 世界

图文并茂，具有趣味性、知识性

XIANGHUXIYINDENENGLIANG

相互吸引的能量

编著◎吴波

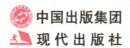

中国出版集团
现代出版社

图书在版编目（CIP）数据

相互吸引的能量／吴波编著．—北京：现代出版社，2013.1

（物理能量转换世界）

ISBN 978－7－5143－1044－3

Ⅰ.①相… Ⅱ.①吴… Ⅲ.①磁能－青年读物②磁能－少年读物 Ⅳ.①O441.2－49

中国版本图书馆CIP数据核字（2012）第292881号

相互吸引的能量

编　　著	吴　波
责任编辑	刘　刚
出版发行	现代出版社
地　　址	北京市安定门外安华里504号
邮政编码	100011
电　　话	010－64267325　010－64245264（兼传真）
网　　址	www.xdcbs.com
电子信箱	xiandai@cnpitc.com.cn
印　　刷	固安县云鼎印刷有限公司
开　　本	710mm×1000mm　1/16
印　　张	12
版　　次	2013年1月第1版　2021年3月第3次印刷
书　　号	ISBN 978－7－5143－1044－3
定　　价	36.00元

版权所有，翻印必究；未经许可，不得转载

前言

磁是什么？

当我们提起磁的时候，很多人都会觉得磁是较为少见的，好像除了磁石或磁铁吸引铁和指南针指示南北方向外就没有其他例子了。

事实真是这样吗？答案是否定的。现代科学研究和实际应用已经充分证实：任何物质都具有磁性，只是有的物质磁性强，有的物质磁性弱；任何空间都存在磁场，只是有的空间磁场高，有的空间磁场低。物质磁性和空间磁场是普遍存在的。磁具有相当广的范围。

磁铁（磁石）是人类最早认识的磁性物质。其总有两个磁极，一个是N极，另一个是S极。磁极之间有相互作用，即同性相斥、异性相吸。后来，人们利用这个特性发明了指示方向的仪器——司南，同时也将其应用到医学领域治疗某些疾病，这可以说是人类最早对磁的利用了。

人类虽然很早就认识到磁现象并加以简单利用，但直到近代，人们才对磁本质的认识逐渐系统化，尤其是电磁感应现象的发现，对磁学的发展和利用有着更为重要的意义。

电磁感应现象，产生的原因在于电荷运动产生波动，从而形成磁场。这一现象显示了电、磁现象之间的相互联系和转化。麦克斯韦关于变化电场产生磁场的假设，奠定了电磁学的整个理论体系，发展了对现代文明起重大影响的电工和电子技术，深刻地影响着人们认识物质世界的进程。

后来人们在此基础上，发明了不计其数的电磁仪器，像电话、无线电、发电机、电动机等。如今，电磁技术已经渗透到了我们的日常生活和工农业技术的各个方面，我们已经越来越离不开磁。没有它，我们就无法看电视、听收音机、打电话；没有它，连夜晚甚至都是一片漆黑。

  本书共分为4章。第一章主要介绍自然界中存在的各种磁现象；第二章主要介绍人类对磁的认识历程；第三章主要介绍磁在各个领域的应用；第四章，主要介绍电磁波给人类带来的好处和存在的危害。

  为了使书中内容更加直观、充实，我们配了大量精美的插图，做到了图文并茂，通俗易懂，是一本难得的介绍磁知识的书籍。

  磁，其现象在我们身边随处可见，其应用范围十分广泛，其理论深奥而复杂，其发展更是日新月异。所以，书中可能会出现一些过时或讹错之处，欢迎读者朋友们批评指正。

目录

大自然中的磁

地球的磁场 …………………………………………………… 1
地球磁场和地球生命 ………………………………………… 7
地球磁场与动植物 …………………………………………… 10
磁暴现象 ……………………………………………………… 14
美丽的极光 …………………………………………………… 20
太阳磁场 ……………………………………………………… 25
充满磁场的宇宙 ……………………………………………… 29
奇特的磁极倒转现象 ………………………………………… 32
人体磁场 ……………………………………………………… 37

人类认识磁的历程

我国古代对磁的认识 ………………………………………… 43
西方早期对磁的研究 ………………………………………… 47
奥斯特与电磁感应的发现 …………………………………… 52
安培的贡献 …………………………………………………… 56
法拉第与发电机 ……………………………………………… 60
麦克斯韦与电磁场理论 ……………………………………… 66
电磁波的实验验证 …………………………………………… 71
探索磁单极子与永磁体 ……………………………………… 75

神通广大的磁

电报与电话 ··· 81
磁悬浮列车 ··· 86
磁与现代生活 ······································· 91
磁与信息存储 ······································· 97
磁与军事 ·· 100
地质、采矿等领域的磁应用 ······················ 105
磁与现代医学 ····································· 110
物质磁化的应用 ··································· 115
涡流的应用 ······································· 119
电动机和发电机 ··································· 123
电磁铁的应用 ····································· 130
走向大众的交流电 ································ 135
趋磁细菌的应用 ··································· 141

电磁波的功与过

电磁波大家族 ····································· 146
离不开的无线电通讯 ······························ 150
微波的应用 ······································· 155
人类对红外线的认识 ······························ 161
紫外线的利害 ····································· 165
"火眼金睛"X射线 ································· 169
威力强大的γ射线 ································· 175
电磁辐射的危害 ··································· 180

大自然中的磁

DAZIRAN ZHONG DE CI

> 放飞的鸽子离家千里也会飞回原地；即使相隔再远，海龟也会洄游到原地产卵；候鸟更是每年迁徙而不会迷航……这些看似难以让人理解的事情，经科学家们研究之后发现，都与磁有关。
>
> 磁，广泛地存在于我们身边。科学家们还指出，磁性是物质的一种属性，所有物质都或强或弱地具有磁性。具有磁性的物体称为磁体，磁体以各种各样的形式存在，小到分子、原子，大到地球、星际天体。磁体的周围存在磁场，我们生活在充满磁的世界里，生活在看不到、摸不着的磁场中，磁以极其普遍的形式存在于大自然的每一个角落。

地球的磁场

众所周知，在地球上任何地方放一个小磁针，让其自由旋转，当其静止时，磁针的 N 极总指向地理北极，这是因为地球本身是一个大磁体，在地球周围存在地磁场。

科学家指出，整个地球类似于一个巨大的条形磁铁，地磁的 S 极在地理北极附近，地磁的 N 极在地理南极附近。地球周围的磁场方向由南指向北。据此，地球表面上，赤道附近地磁场方向呈水平指向北，北极附近呈竖直向下，南极附近呈竖直向上。地磁场分布广泛，从地核到空间磁层边缘处处存在。

地磁场的形成具有一定特殊性，按照旋转质量场假说，地球在自转过程中产生磁场。但是，从运动相对性的观点考虑，居住在地球上的人是不应该感受到地磁场的，因为人静止于地球表面，随地球一同转动，所以地球上的人是无法感觉到地球自转产生的磁场效应的。

我们通常所说的地磁场只能算作地球表面磁场，并不是地球的全球性磁场（又称空间磁场），它是由地核旋转形成的。

我们知道，地球的内部结构可分为地壳、地幔和地核。美国科学家在试验中发现，地球内外的自转速度是不一样的，地核的自转速度大于地壳的自转速度。也就是说，地球表面的人虽然感觉不到地球的自转，但却能感觉到地核旋转所产生的质量场效应，就是它产生了地球的表面磁场。

科学家在研究中还发现，地核的自转轴与地球的自转轴不在一条直线上，所以由地核旋转形成的地磁场两极与地理两极并不重合，这就是地磁场磁偏角的形成原因。

地球磁场是偶极性的，近似于把一个磁铁棒放到地球中心，使它的N极大体上对着南极而产生的磁场形状。当然，地球中心并没有磁铁棒，而是通过电流在

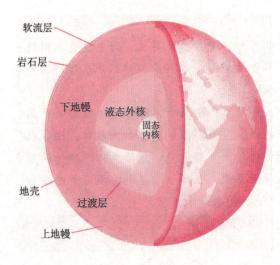

地球内部结构示意图

导电液体核中流动的发电机效应产生磁场的。

地球磁场不是孤立的，它受到外界扰动的影响，比如太阳风的影响。宇宙飞船就已经探测到太阳风的存在。太阳风是从太阳日冕层向行星际空间抛射出的高温高速低密度的粒子流，主要成分是电离氢和电离氦。

因为太阳风是一种等离子体，所以它也有磁场。太阳风磁场对地球磁场施加作用，好像要把地球磁场从地球上吹走似的。尽管这样，地球磁场仍有效地阻止了太阳风的长驱直入。在地球磁场的反抗下，太阳风绕过地球磁场，继续向前运动，于是形成了一个被太阳风包围的、彗星状的地球磁场区域，这就是磁层。

大自然中的磁

地球磁层位于地面 600～1 000 千米高处，磁层的外边界叫磁层顶，离地面 5 万～7 万千米。在太阳风的压缩下，地球磁力线向背着太阳一面的空间延伸得很远，形成一条长长的尾巴，称为磁尾。在磁赤道附近，有一个特殊的界面，在界面两边，磁力线突然改变方向，此界面称为中性片。中性片上的磁场强度微乎其微，厚度大约有 1 000 千米。中性片将磁尾部分成两部分：北面的磁力线向着地球，南面的磁力线离开地球。

1967 年，人们发现在中性片两侧约 10 个地球半径的范围里，充满了密度较大的等离子体，这一区域称作等离子体片。当太阳活动剧烈时，等离子片中的高能粒子增多，并且快速地沿磁力线向地球极区沉降，于是便出现了千姿百态、绚丽多彩的极光。

由于太阳风以高速接近地球磁场的边缘，便形成了一个无碰撞的地球弓形激波的波阵面。波阵面与磁层顶之间的过渡区叫做磁鞘，厚度为 3～4 个地球半径。

地球磁层是一个颇为复杂的问题，其中的物理机制有待于深入研究。磁层这一概念近来已从地球扩展到其他行星。甚至有人认为中子星和活动星系核也具有磁层特征。

需要说明的是，地理的南北方和地磁的南北极并不是一个概念。物理南北极是指一个磁体的磁性最强的两端，任何一个磁体都有两极，物理南极或物理北极不能单独存在。地球也就是这样一个磁体，两极位于地球两端。地理南北极位于地球两端，是最南最北端，而习惯上人们把指南针北极指的方向称为北方，南方反之。

根据物理中异名磁极相吸引的道理，指南针北极指的方向实际上是地球这个大磁体的南极。因此，我们所说的地理北极是地磁南极，地理南极是地磁北极。

另外，在地面上静止的小磁针并不指向正南北方向，说明地磁的 N、S 极与地理的南、北极并不完全重合，即存在磁偏角。我们把小磁针静止时的指向与地理上的南北方向所成的角度，叫做磁偏角。例如上海的磁偏角是 3°13′，即在上海，地磁场的方向与地理上的南北方向成 3°13′ 的角度。不同的地理位置，磁偏角不同，在北京的磁偏角是 4°18′，在广州的磁偏角是 0°47′。

历史上，第一个提出地磁场理论概念的是英国人吉尔伯特。他在 1600 年提出一个论点，认为地球自身就是一个巨大的磁体，它的两极和地理两极相重合。这一理论确立了地磁场与地球的关系，指出地磁场的起因不应该在地球之

地球

外，而应在地球内部。

1893年，数学家高斯在他的著作《地磁力的绝对强度》中，从地磁成因于地球内部这一假设出发，创立了描绘地磁场的数学方法，从而使地磁场的测量和起源研究都以用数学理论来表示。但这仅仅是一种形式上的理论，并没有从本质上阐明地磁场的起源。

现在科学家们已基本掌握了地磁场的分布与变化规律，但是，对于地磁场的起源问题，学术界却一直没有找到一个令人满意的答案。

通常物质所带的正电和负电是相等数量的，但由于地球核心物质受到的压力较大，温度也较高，约6 000℃，内部有大量的铁磁质元素，物质变成带电量不等的离子体，即原子中的电子克服原子核的引力，变成自由电子，加上由于地核中物质受着巨大的压力作用，自由电子趋于朝向压力较低的地幔，使地核处于带正电状态，地幔附近处于带负电状态，情况就像是一个巨大的"原子"。

科学家相信，由于地核的体积极大，温度和压力又相对较高，使地核的导电率极高，使得电流就如同存在于没有电阻的线圈中，可以永不消失地在其中流动，这使地球形成了一个磁场强度较稳定的南北磁极。

另外，电子的分布位置并不是固定不变的，并会因许多的因素影响而发生变化，再加上太阳和月亮的引力作用，地核的自转与地壳和地幔并不同步，这会产生一强大的交变电磁场，地球磁场的南北磁极因而发生一种低速运动，造成地球的南北磁极翻转。

太阳和木星亦具有很强的磁场，其中木星的磁场强度是地球磁场的20～40倍。

高斯

太阳和木星上的元素主要是氢和少量的氦、氧等这类较轻的元素，与地球不同，其内部并没有大量的铁磁质元素，那么，太阳和木星的磁场为何比地球还强呢？

木星内部的温度约为30 000℃，压力也比地球内部高得多，太阳内部的压力、温度还要更高。这使太阳和木星内部产生更加广阔的电子壳层，再加上木星的自转速度较快，其自转1周的时间约10小时，故此其磁场强度自然也要比地球的强。

事实上，如果天体的内部温度够高，则天体的磁场强度与其内部是否含有铁、钴、镍等铁磁质元素无关。由于太阳、木星内部的压力、温度远高于地球，因此，太阳、木星上的磁场要比地球磁场强得多。而火星、水星的磁场比地球磁场弱，则说明火星、水星内部的压力、温度远低于地球。

知识点

关于电子的几个概念

电子、中子和质子三者共同组成了物质的基本构成单位——原子。中子不带电，质子带正电，电子带负电，原子对外不显电性。相对于中子和质子组成的原子核，电子的质量极小。质子的质量大约是电子的1 840倍。

当电子脱离原子核束缚，在其他原子中自由移动时，其产生的净流动现象称为电流。

各种原子束缚电子能力不一样，于是就由于失去电子而变成正离子，得到电子而变成负离子。

静电是指当物体带有的电子多于或少于原子核的电量，导致正负电量不平衡的情况。当电子过剩时，称为物体带负电；而电子不足时，称为物体带正电。当正负电量平衡时，则称物体是电中性的。

自由电子，是指从原子中逃逸出来的电子，能够在导体的原子之间轻易移动，但它们在绝缘体中不行。

延伸阅读

电离层和磁层

电离层是地球大气的一个电离区域。由于受地球以外射线（主要是太阳辐射）对中性电离层与磁层原子和空气分子的电离作用，距地表60千米以上的整个地球大气层都处于部分电离或完全电离的状态。在电离作用产生自由电子的同时，电子和正离子之间碰撞复合，以及电子附着在中性分子和原子上，会引起自由电子的消失。大气各风系的运动、极化电场的存在、外来带电粒子不时入侵，以及气体本身的扩散等因素，引起自由电子的迁移。在55千米高度以下的区域中，大气相对稠密，碰撞频繁，自由电子消失很快，气体保持不导电性质。在电离层顶部，大气异常稀薄，电离的迁移运动主要受地球磁场的控制，称为磁层。

1899年，尼古拉·特斯拉试图使用电离层进行远距无线能量传送。他在地面和电离层所谓的科诺尔里亥维赛层之间发送极低频率波。他在试验的基础上进行了数学计算，他对这个区域的共振频率的计算与今天的试验结果相差不到15%。20世纪50年代学者确认这个共振频率为6.8赫兹。

1901年12月12日，古列尔莫·马可尼首次收获跨大西洋的信号传送。马可尼使用了一个通过风筝竖起的400英尺长的天线。在英国的发送站使用的频率约为500千赫，其功率为到那时为止所有发送机的100倍。收到的信号为摩尔斯电码中的S（三点）。要跨越大西洋，这个信号必须两次被电离层反射。根据理论计算和今天的试验有人怀疑马可尼的结果，但是1902年马可尼无疑地做到了跨大西洋传播。

1902年奥利弗·黑维塞提出了电离层中的科诺尔里亥维赛层的理论。这个理论说明电波可以绕过地球的球面。这个理论加上普朗克的黑体辐射理论可能阻碍了射电天文学的发展。事实上一直到1932年人类才探测到来自天体的无线电波。

1902年亚瑟·肯乃利还发现了电离层的一些电波特性。

1912年美国国会通过1912年广播法案，下令业余电台只能在1.5兆赫以上工作。当时政府认为这以上的频率无用，致使1923年使用电离层传播高频无线电波的发现。

1947年爱德华·阿普尔顿因于1927年证实电离层的存在获得诺贝尔物理学奖。莫里斯·威尔克斯和约翰·拉克利夫研究了极长波长电波在电离层的传播。维塔利·金兹堡提出了电磁波在电离层这样的等离子体内传播的理论。

1962年加拿大卫星Alouette 1升空，其目的是研究电离层。其成功驱使了1965年Alouette 2卫星的发射和1969年ISIS 1号及1971年ISIS 2号的发射。这些卫星全部是用来研究电离层的。

电离层的发现，不仅使人们对无线电波传播的各种机制有了更深入的认识，并且对地球大气层的结构及形成机制有了更清晰的了解。

地球磁场和地球生命

地球有一个磁场强度变动于0.35～0.7奥斯特之间的偶极磁场。它像一把保护伞，对地球生命呵护备至。如果没有这个磁场，很难想象地球生命是否能够得到像今天这样的发展。而我们的近邻月球和金星之所以没有生命的孕育，也许就与它们没有或几乎没有磁场存在有一定的关联。

磁场对地球生命的保护，主要表现在以下两个方面：

首先，地磁场为我们阻挡了来势汹汹的太阳风。在地球附近，太阳风的风速可以达到300～450千米/秒，甚至更高。相比之下，我们地球上的12级台风的风速仅为33米/秒以上，约是太阳风风速的1/10 000，因此你可以想象到太阳风是多么强劲。

太阳风不仅强劲，它还是一种带电的物质流，所以若让它长驱直入地吹向地球，势必给地球生命带来严重的威胁。幸好地磁场为我们组成一道道有效的防线，就像一个巨大的防护伞一般，把强劲的太阳风阻挡在地球的磁层之外。一些侥幸冲破防线进入磁层之内的太阳风粒子，也往往被磁场所设下的另一关卡——地球的高空电离层所俘获，并被囚禁起来。

地磁场不仅为地球生命组织了高空的太阳风防线，而且它也是地球"逃兵"的重要关卡。

我们知道，地球的大气层一直可延伸到上千千米的高空。在那里，地球的引力已大大减弱，同时温度急剧升高，这使这里的物质有可能获得足够的动能，以逃脱地球引力的束缚。但地磁场的存在，使一些在太阳紫外线辐射下已被电离的物质,受到了束缚,使它很难逾越磁层这一关卡。

由此,我们可以想象到,若是没有地磁场的存在,在经过漫长岁月的演化以后,地球的大气层未必还会具有今天这样的密度。而在过分稀薄的大气层里,生命,至少是高等生命是难以生存的。

我们赞美造物主的伟大,庆幸赖于地磁场的保护,使我们免遭辐射之灾,能在地球这片绿洲上繁衍生息,安居乐业。可是科学家根据400年来的地磁台测量记录告诉我们:地磁场强度正以每百年5%的速度逐年减弱。预测再过2 000年左右地磁场会完全消失一段时期。

人类失去地磁场的庇护,完全暴露在太阳风的辐射之下,将会出现什么样的情况呢?加拿大威斯丹昂塔利奥大学的阿尔芬教授忧心忡忡地说:"在没有磁场的日子里,人类外出就必须身穿铅做的放射线防护铠甲,手拿盖革计数器(一种计量放射线强度的仪器)。"

这些话倒不是危言耸听,因为地磁变化、减弱和消失的趋势已经为古地磁学揭示的地磁变化史所证实。原来地壳中的火山岩石清楚地"记载"了地磁的变化历史。这些火山熔岩上的剩磁是当时地磁留下来的烙印。

美国发射的地磁卫星对地球磁场进行了8个月的精密测量和仔细分析,认为到公元33世纪来临之前(即在1 200年后),地磁将消失殆尽。

地球磁场

加拿大的阿尔芬教授认为7 000万年前,也就是上一次的地磁消失期,恰好是恐龙灭绝的时间。这是因为恐龙庞大的躯体无法躲避放射性辐射,丧失了繁衍后代的能力,灭了种。

言下之意,在下一次的地磁消失将给人类带来巨大的灾难。我们且不去分析这种观点有几分正确。即使1 200年后,地磁消失期真的降临,此时人类早已到了"可上九天揽月,可下五洋捉鳖"的境地。所以我们现在是不必去杞人忧天的。

知识点

磁感应强度单位：特斯拉

在国际单位制中，磁感应强度的单位是特斯拉，简称特，符号是T，它是磁通量密度或磁感应强度的国际单位制导出单位。是为表彰美国科学家特斯拉早在1896—1899年实现200千伏、架空57.6米的高压输电成果与制成著名的特斯拉线圈和在交流电系统的贡献，在他百年纪念时（1956年）国际电气技术协会决定用他的名字作为磁感应强度的单位。

国际上规定，垂直于磁场方向的1米长的导线，通过1安培的电流，受到磁场的作用力为1牛顿时，通电导线所在处的磁感应强度就是1特斯拉。

延伸阅读

地球磁场对人类健康的影响

人类赖以生存的地球，是一个硕大无比的磁场，南北两极为它的中心。正是由于这种天然的磁场生物圈环境，才对人类的生长、繁殖和健康产生重大影响。地磁场总强度降低时，人类的性成熟相应要加快，而身高增长则略微减慢，例如巴西里约热内卢出生的小孩比起美国同时出生的小孩要矮一些。

地球上磁场总强度最低值，恰好在南美洲范围内，而非洲地磁场总强度较高，因而中非卢旺达男子的身高，超过欧洲男子。人类如果长期顺地磁方向生活，可使体内各个系统、器官和细胞有序化，从而产生生物磁化效应，使各器官功能得到协调和恢复。人类的一些疾病，如高血压、心脏病、脑卒中等，均与地磁场指数的月平均值紧密相关。地磁异常区发病率较高，如俄罗斯库尔斯克地区磁铁矿引起的局部磁异常区内，高血压发病率比正常磁场区高125%～160%。

近年来，科学家研究发现，某些顽固性头疼、失眠、关节痛等症状的出现与现代生活中地磁减弱有着密切的关系。现代社会里,越来越多的人工作和生活在高楼大厦内,加上汽车穿梭,电线、管道如网,扰乱了大自然磁场,造成人体磁力不足,由此,便出现了各种自主神经功能失调症状。

因此,现代人应补充磁力,调整体内磁平衡。有条件的可常饮磁化水,以给细胞充磁;也可在饮食中补充各种矿物质。同时加强体育锻炼,这是由于电解质是产生生物电磁不可缺少的物质,体育运动是促进剂,推动肌体产生生物电磁,然后通过自身调节,达到磁平衡。

地球磁场与动植物

1991年8月《新民晚报》报道一条消息:"上海的雨点鸽从内蒙古放飞后,历经20余天,返回市区鸽巢。"

鸽子

信鸽这种惊人的远距离辨认方向的本领,实在是令人啧啧称奇。据资料记载,早在古埃及第五王朝的时候(约公元前2500—前2350年)就有人把鸽子训练成快速而可靠的通信工具。一直到无线电发明并得到广泛应用的第二次世界大战期间,信鸽仍在通讯战线上占有一席之地。讲一个故事来做例证:

1943年11月18日,英军第56步兵旅要求空军轰炸德军的防御阵地,来配合步兵进攻德军。当英军飞机正要起飞时,一只名叫"格久"的军鸽及时地赶到,带来了十万火急的信件。原来英军已经冲破了德军的防线,有1 000名士兵已经进入到德军的防御工事阵地中,要求立即撤销轰炸的命令。好样的"格久",由于它及时传递了命令,拯救了1 000人的生命。英国伦敦市长特授予"格久"一枚镀金勋章呢!

那么,信鸽究竟是靠什么来判断方向的呢?在很长的一段时间里,人们把鸽子这种高超的认路本领归结于它的眼力和记忆力。直到20世纪才有人想到,鸽子会不会是依赖地磁场来判别方向?这种设想被后来的实验所证实。

大自然中的磁

科学家把几百只训练有素的信鸽分成2组。在一组信鸽的翅膀下缚了一块小磁铁,而在另一组信鸽的翅膀下缚了大小相同的铜块。然后把它们带到离鸽舍数十至数百千米的地方,逐批放飞。结果绝大部分缚铜块的信鸽飞回到鸽舍,而缚着磁铁的信鸽却全部都飞散了。原来磁铁的磁场扰乱了信鸽体内的"小罗盘",把它们弄得晕头转向了。好像把一块磁铁靠近磁罗盘时,罗盘上的指针会偏离南、北指向一样。

后来科学家在解剖信鸽时,在信鸽的头部找到了许多具有强磁性的四氧化三铁颗粒。美国麻省理工学院的法兰克尔说:"这些磁性细胞排列成一定形状、一定长度,组成了对'地磁场'十分敏感的'磁罗盘'"。

现在我们已经知道,除信鸽之外,一些候鸟,如食米鸟、燕鸥,它们的头部也有丰富的磁性颗粒,并依赖它们在南北半球之间作长距离迁徙,从未迷失方向。

鱼是另一类对磁场十分敏感的生物。生物学家注意到鱼类的间脑会对磁场产生感觉。当把鱼放入它完全陌生的水域里,并且尽可能排除水温、水流的干扰和影响,鱼一般都会沿着磁力线的方向游动。

北美有一种鲑鱼,它辨识路径的能力是惊人的。这些鲑鱼通常在北美阿拉斯加到加利福尼亚的小溪里产卵。小鱼孵出生后,便成群结队地沿着小溪、小河游向太平洋。它们在浩瀚无际的太平洋里沿着逆时针方向环游了一个巨大的圈子之后,竟能正确无误地回到美洲,并寻找到原来的河道入口,再游经小河、小溪,最终重返故里。

鲑 鱼

这真是不可思议啊!而这类鲑鱼完全是依靠灵敏的磁罗盘来导航的。一次美国科学家奎恩·汤姆在小河的岸边放了一块电磁铁,当成群的鲑鱼游过磁铁附近时,突然接通电源。

奇迹出现了,这群鲑鱼游向也突然改变了90°。

如果我们留意,可以观察到蜜蜂、苍蝇等昆虫,它们在起飞或降落的时候往往愿意取南、北方向(即地磁方向)。如果你在蜂巢的四周放上几块磁铁,出外觅食的工蜂竟会找不到自己的蜂巢。如果你把磁铁放进它们巢里,可以发现蜜蜂回巢后一反常态,连舞蹈的姿式都与平时大相径庭!

不单是动物,植物也会对磁场有"感觉"。加拿大的冬小麦的根部生长喜欢沿着磁场增强的方向，显示出"向磁性"。而水芹的根部却喜欢沿着磁场减弱的方向，显示出"背磁性"。

磁场对植物的生命活动会产生哪些影响呢？我们不妨先做一个试验：

在一个潮湿的（温度在18℃~25℃）玻璃暗室内，安置一个特定的架子，上边放有过滤纸，过滤纸的两端分别与放有水的容器相连，以便使过滤纸团能均匀地吸取水分。过滤纸的上面放有两类干燥的、没有发过芽的玉米种子，一类玉米种子的胚根朝着地球的北磁极，一类朝向南磁极。这样经过一些时间，玉米的种子就能慢慢地开始发芽。

有趣的是，胚根朝向地球南磁极的那类玉米种子，要比胚根朝向地球北磁极的那类玉米种子早几昼夜发芽，并且还发现前者的根和茎，生长都比较粗壮，而后者的种子所发的芽，常常会产生弯向南磁极的形态。

为了探索其中的奥妙，有人还精心设计了一种试验设备。让种子处在强度高达4 000高斯的永久磁铁中，结果有趣地发现种子的幼根仿佛在避开磁场的影响，而偏向磁场较弱的一边。

这是什么原因呢？科学工作者经过了几年的研究发现，原来植物的有机体，是具有一定的磁场和极性的，并且有机体的磁场是不对称的。一般说来，负极往往比正极强，所以植物的种子在黑暗中发芽时，不管种子的胚芽朝哪一个方向，而新芽根部是朝向南方的。

经过研究，科学工作者还发现弱磁场不但能促进细胞的分裂，而且也能促进细胞的生长，所以受恒定弱磁场刺激的植物，要比未受弱磁场刺激的根部扎得深一些。而强磁场却与此相反，它能起到阻碍植物深扎根的作用。

落叶松

但任何事物并不是绝对的，有关的试验表明，当种子处在磁场中不同的位置时，如果磁场能加强它的负极，则种子的发芽就比较迅速和粗壮；相反，如果磁场能加强它的正极，则种子的发育不仅变得迟缓，而且容易患病死亡。

科学工作者曾经在堪察加半岛进行这样的实验，在种植落叶松的时候，不是按通常那样彼此之间是相互平行的，而是径向种植的，各行的树朝南、东西和西南方向排列，结果有趣地发现，生长最好的是以扇形磁场东部取向的那些树苗。根据这个科研成果，在栽种落叶松时，人们采用了一种黏性纸带，在纸带上放置已按预定方向取向的种子来进行播种。

在农业科学领域内，磁场和磁化水处理农作物及其产生的磁生物效应已引起人们的关注，这方面的研究不但提供了农作物增产的新途径，也丰富了生物磁学研究的内容，已成为生物磁学中一个十分活跃的领域。但由于其作用的复杂性和广泛性，作用的微观机理还不很清楚，应用技术还有待于大量探索和突破。

因此，进一步开展生物磁学在农作物上的应用研究，不仅在理论上有重要意义，而且在生产上也有重大的应用价值。

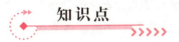

知识点

生物磁学

生物磁学，是研究生物磁性和生物磁场的生物物理学分支。通过生物磁学研究，可以获得有关生物大分子、细胞、组织和器官结构与功能关系的信息，了解生命活动中物质输运、能量转换和信息传递过程中生物磁性的表现和作用。生物磁学研究与物理学、生物学、心理学和生理学、医学等有密切关系，并在工农业生产、医学诊断和治疗、环境保护、生物工程等方面有广阔的应用前景。

延伸阅读

磁与农业

生物的磁性和磁场，是生物的内在属性，可以反映生命的信息，而外来的磁场会影响生物的生命活动，这种现象叫做磁场的生物效应。

1. 磁场处理。在农业上，利用适当强度的磁场处理将要播种的种子，可以提高种子的发芽率，并促进其生长，增加农作物的产量。但是磁的作用也需要一定的强度剂量与处理时间，不同的植物种子其最适的处理强度是不同的，这还得从实践与试验中进行摸索掌握，为科学利用提供更好的参考，也为磁技术在生产上的利用提供保障。

2. 磁性肥料。在生产中，可以利用强磁性物质和顺磁性物质作肥料，即磁性肥料，像钡铁氧体这种强磁性物质和稀土盐类这种顺磁性物质，都是很好的磁性肥料。稀土磁性肥料可以用来作基肥，也可以用来浸种，还可以对上一定量的水，喷洒到农作物的叶面上。

3. 磁化水。在农业上，还可以利用磁场处理过的水来浸种、育秧和灌溉。这种用磁场处理过的水叫磁水，也叫磁化水。利用磁化水来浸泡水稻、小麦和大豆的种子，芽出得既早又整齐；利用磁化水育秧和灌溉，水稻的产量可以增加10%~20%；利用磁化水灌溉，大豆、西红柿、黄瓜、辣椒、白菜等产量可以增加10%~30%。另外，用磁化水养殖鱼、虾等，也有明显的增产效果。

4. 磁在提高灌溉系统寿命及硬水软化上的应用。农业灌溉用水常会因富含大量钙镁，而出现沉淀于管壁或喷头的现象，导致管道与喷头堵塞等现象发生，影响灌溉系统的使用寿命，或者会因水质硬度过高而影响作物生长与水培用水。针对这一问题，于入水口处安装强磁，可以对水中的矿物质起到离子化作用，防止沉淀与水质软化，更好地用于灌溉与水培的营养液配制用水。

磁暴现象

当太阳表面活动旺盛，特别是在太阳黑子极大期时，太阳表面的闪焰爆发次数也会增加，闪焰爆发时会辐射出X射线、紫外线、可见光及高能量的质子束和电子束。其中的带电粒子（质子、电子）形成的电流冲击地球磁场，引发短波通讯所称的磁暴。

所谓强烈，是相对各种地磁扰动而言。其实地面地磁场变化量较其平静值是很微小的。在中低纬度地区，地面地磁场变化量很少有超过几百纳特的（地面地磁场的宁静值在全球绝大多数地区都超过3万纳特）。一般的磁暴都需要在地磁台用专门仪器做系统观测才能发现。

磁暴是常见现象。不发生磁暴的月份是很少的，当太阳活动增强时，可能一个月发生数次。有时一次磁暴发生27天（一个太阳自转周期）后，又有磁暴发生。这类磁暴称为重现性磁暴。重现次数一般为一两次。

磁暴能改变人造地球卫星的姿态，比如它能改变卫星上遥感器的探测方向。大磁暴还会影响定位、导航和短波通讯，但一般不会影响手机。大磁暴产生的附加电流对电力系统会有一定影响。

此外，出现大磁暴时，放飞的鸽子会因迷路而回不了家，因为鸽子是沿磁力线飞行的，而大磁暴会改变磁力线的方向。据了解，在太阳活动比较剧烈的时候，突发性大磁暴就比较多。

人造地球卫星

19世纪30年代，C·F·高斯和韦伯建立地磁台站之初，就发现了地磁场经常有微小的起伏变化。1847年，地磁台开始有连续的照相记录。

1859年9月1日，英国人卡林顿在观察太阳黑子时，用肉眼首先发现了太阳耀斑。第二天，地磁台记录到700纳特的强磁暴。

这个偶然的发现和巧合，使人们认识到磁暴与太阳耀斑有关。还发现磁暴时极光十分活跃。19世纪后半期磁暴研究主要是积累观测资料。

20世纪初，挪威的K·伯克兰从第一次国际极年（1882—1883）的极区观测资料，分析出引起极光带磁场扰动的电流主要是在地球上空，而不在地球内部。

为解释这个外空电流的起源以及它和极光、太阳耀斑的关系，伯克兰和F·C·M·史笃默相继提出了太阳微粒流假说。到30年代，磁暴研究成果集中体现在查普曼·费拉罗磁暴理论中，他们提出地磁场被太阳粒子流压缩的假说，被后来的观测所证实。

20世纪50年代之后，实地空间探测不但验证了磁暴起源于太阳粒子流的假说，并且发现了磁层，认识了磁暴期间磁层各部分的变化。对磁层环电流粒子的存在及其行为的探测，把磁暴概念扩展成了磁层暴。

磁暴和磁层暴是同一现象的不同名称，强调了不同侧面。尽管磁暴的活动中心是在磁层中，但通常按传统概念对磁暴形态的描述仍以地面地磁场的变化为代表。这是因为,人们了解得最透彻的仍是地面地磁场的表现。

在磁暴期间,地磁场的磁偏角和垂直分量都有明显起伏,但最具特征的是水平分量 H。磁暴进程多以水平分量的变化为代表。大多数磁暴开始时,在全球大多数地磁台的磁照图上呈现出水平分量的一个陡然上升。在中低纬度台站,其上升幅度约 10~20 纳特。这称为磁暴急始,记为 SSC 或 SC。

急始是识别磁暴发生的明显标志。有急始的磁暴称为急始型磁暴。高纬台站急始发生的时刻较低纬台站超前,时间差不超过 1 分钟。

磁暴开始急,发展快,恢复慢,一般都持续两三天才逐渐恢复平静。磁暴发生之后,磁照图呈现明显的起伏,这也是识别磁暴的标志。

同一磁暴在不同经纬度的磁照图上表现得很不一样。为了看出磁暴进程,通常都需要用分布在全球不同经度的若干个中、低纬度台站的磁照图进行平均。经过平均之后的磁暴的进程称为磁暴时(以急始起算的时刻)变化,记为 Dst。

磁暴时变化大体可分为 3 个阶段。紧接磁暴急始之后,数小时之内,水平分量较其平静值大,但增大的幅度不大,一般为数十纳特,磁照图相对稳定。这段期间称为磁暴初相。然后,水平分量很快下降到极小值,下降时间约半天,其间,磁照图起伏剧烈,这是磁暴表现最活跃的时期,称为磁暴主相。通常所谓磁暴幅度或磁暴强度,即指这个极小值与平静值之差的绝对值,也称 Dst 幅度。水平分量下降到极小值之后开始回升,两三天后恢复平静,这段期间称为磁暴恢复相。

磁暴的总的效果是使地面地磁场减小。这一效应一直持续到恢复相之后的两三天,称为磁暴后效。通常,一次磁暴的幅度随纬度增加而减小,表明主相的源距赤道较近。

同一磁暴,各台站的磁照图的水平分量 H 与平均形态 Dst 的差值,随台站所在地方时不同而表现出系统的分布规律。这种变化成分称为地方时变化,记为 DS。DS 反映出磁暴现象的全球非轴对称的空间特性,而不是磁暴的过程描述。它表明磁暴的源在全球范围是非轴对称分布的。

磁照图反映所有各类扰动的迭加,又是判断和研究磁暴的依据,因此实际工作中往往把所有这些局部扰动都作为一种成分,包括到磁暴中。但在建立磁暴概念时,应注意概念的独立性和排他性。磁暴应该指把局部干扰排除之后的全球性扰动。

磁暴期间,磁层中最具特征的现象是磁层环电流粒子增多。磁层内,磁赤道面上下 4 个地球半径之内，距离地心 2～10 个地球半径的区域内，分布有能量为几十至几十万电子伏的质子。这些质子称为环电流粒子，在地磁场中西向漂移运动形成西向环电流，或称磁层环电流，强度约 106 安。

磁层环电流在磁层平静时也是存在的。而磁暴主相时，从磁尾等离子体片有大量低能质子注入环电流区，使环电流幅度大增。增强了的环电流在地面的磁效应就是 H 分量的下降。每注入一次质子，就造成 H 下降一次，称为一次亚暴，磁暴主相是一连串亚暴连续发生的结果。

磁暴主相的幅度与环电流粒子的总能量成正比。磁暴幅度为 100 纳特时，环电流粒子能量可达 4×10^{15} 焦耳。这大约就是一次典型的磁暴中，磁层从太阳风所获得并耗散的总能量。而半径为 3 个地球半径的球面之外的地球基本磁场的总能量也只有 3×10^{16} 焦耳。可见，磁暴期间磁层扰动之剧烈。

磁层亚暴时注入的粒子向西漂移，并绕地球运动，在主相期间来不及漂移成闭合的电流环，因此这时的环电流总是非轴对称的，在黄昏一侧强些。

除主相环电流外，在主相期间发生的亚暴还对应有伯克兰电流体系。伯克兰电流体系显然是非轴对称的。它在中低纬度也会产生磁效应，只不过由于距离较远，效应较之极光带弱得多。它和主相环电流的非轴对称部分的地磁效应合在一起就是 DS 场。

由于磁层波对粒子的散射作用，以及粒子的电荷交换反应，环电流粒子会不断消失。当亚暴活动停息后，不再有粒子供给环电流，环电流强度开始减弱，进入磁暴恢复相。

所有这些空间电流，在地面产生磁场的同时，还会在导电的地壳和地幔中产生感应电流，但是感应电流引起的地磁场变化，其大小只有空间电流引起的地磁场变化的一半。

磁暴观测早已成为各地磁台站的一项常规业务。在所有空间物理观测项目中，地面磁场观测最简单可行，也易于连续和持久进行，观测点可以同时覆盖全球陆地表面。因此磁暴的地面观测是了解磁层的最基本、最有效的手段。在研究日地空间的其他现象时，往往都要参考代表磁暴活动情况的磁情指数，用以进行数据分类和相关性研究。

磁暴引起电离层暴，从而干扰短波无线电通讯；磁暴有可能干扰电工、磁工设备的运行；磁暴还有可能干扰各种磁测量工作。因此某些工业和实用部门也希望得到磁暴的预报和观测资料。

磁暴研究除了上述服务性目的之外，还有它本身的学科意义。磁暴和其他空间现象的关系，特别是磁暴与太阳风状态的关系，磁暴与磁层亚暴的关系，以及磁暴的诱发条件，供应磁暴的能量如何从太阳风进入磁层等等问题，至今仍是磁层物理最活跃的课题。磁暴作为一种环境因素，与生态的关系问题也开始引起人们的注意和兴趣。

知识点

经纬度

为了精确地表明各地在地球上的位置，人们给地球表面假设了一个坐标系，这就是经纬度线。那么，最初的经纬度线是怎么产生的，又是如何测定的呢？

公元前344年，亚历山大渡海南侵，继而东征，随军地理学家尼尔库斯沿途搜集资料，准备绘一幅"世界地图"。他发现沿着亚历山大东征的路线，由西向东，无论季节变换与日照长短都很相仿。于是做出了一个重要贡献——第一次在地球上画出了一条纬线，这条线从直布罗陀海峡起，沿着托鲁斯和喜马拉雅山脉一直到太平洋。

亚历山大帝国昙花一现，不久就瓦解了。但以亚历山大为名的那座埃及城里，出现了一个著名图书馆，多年担任馆长的埃拉托斯特尼博学多才，精通数学、天文、地理。他计算出地球的圆周是46 250千米，画了一张有7条经线和6条纬线的世界地图。

1519—1522年，麦哲伦船队进行了环球旅行，经过了大西洋、太平洋和印度洋，最后回到西班牙，证实了地球是个球体，为经纬线奠定了基础。

经线也称子午线，和纬线一样是人类为度量方便而假设出来的辅助线，定义为地球表面连接南北两极的大圆线上的半圆弧。任两根经线的长度相等，相交于南北两极点。每一根经线都有其相对应的数值，称为经度。经线指示南北方向。

纬线和经线一样是人类为度量方便而假设出来的辅助线，定义为地球表面某点随地球自转所形成的轨迹。任何一根纬线都是圆形而且两两平行。纬线的长度是赤道的周长乘以纬线的纬度的余弦，所以赤道最长，离赤道越远的纬线，周长越短，到了两极就缩为0。纬线指示东西方向。

经度是地球上一个地点离一根被称为本初子午线的南北方向经线以东或以西的度数。本初子午线的经度是0°，地球上其他地点的经度是向东到180°或向西到180°。在本初子午线以东的经度叫东经，在本初子午线以西的叫西经。东经用"E"表示，西经用"W"表示。

纬度是指某点与地球球心的连线和地球赤道面所成的线面角，其数值在0°~90°之间。位于赤道以北的点的纬度叫北纬，记为N；位于赤道以南的点的纬度称南纬，记为S。

世界上第一个地磁台

地磁台是观测、研究地磁场及其随时间变化的机构。地磁台应设在远离城市和没有人为电磁干扰的地方，仪器室要用非磁性或弱磁性材料建造，并保证一定的温度、湿度条件。

地磁台分为永久地磁台和临时地磁台两类。前者可为地磁场及其相关现象的研究提供长期的、连续的、可靠的地磁资料，后者是为研究某些特殊课题而专门设置的。

地磁台有地磁记录仪和磁力仪等设备，有的还有磁暴记录仪。用地磁记录仪连续记录磁偏角、水平强度和垂直强度随时间的相对变化，也可以用质子旋进分量磁力仪和光泵磁力仪连续记录地磁场总强度、水平强度和垂直强度的绝对值随时间的变化。

世界上第一个地磁台是1794年在苏门答腊岛的马尔伯勒堡建立的。

观测室：是不用铁的小房子，距离生活用房有一定距离。为了排除铁件的一切影响，在观测前将它们放在尽可能远的地方，与此同时，在距观测室一定远的地方注意去掉挂锁和钥匙。门别是木制的，晚上观测也用木制蜡烛台。

观测系统：观测用的磁针为长方体，用蚕丝悬挂在水平状态。用蚕丝是为了消除扭力。在磁针两端的上表面固定一小片象牙，象牙片上刻有表示磁针位置的刻线，在此刻线的两侧有许多间距为1/25毫米的刻度。

气密性：为防止磁针受空气流动影响，将其装在一个木盒子里，在木盒上表面靠近磁针两端的地方用玻璃覆盖以便观测磁针运动。悬丝也用玻璃封盖。

读数方式：磁针的运动用两个放大镜观测，放大镜位于磁针两端的上方，其光轴与磁针表面垂直。通过螺钉可调节放大镜横向移动，使放大镜的刻线能够始终与磁针位置的刻线重合。每个放大镜的边上有标尺，分度到毫米和零点几毫米，每个标尺有一游标。

稳定性：整套仪器放在石墩或大理石墩上。

观测周期：用人工目测的方法进行日变观测，每15分钟观测一次。

美丽的极光

极光，是自然界里一种极为绚丽壮观的景象。一位到南极考察过的科学家写道："在那漫长、寒冷的极夜里，天空中会映现出瑰丽的自然美景。由黄色、红色、紫色、灰色等许多颜色编织起来的，长达数百千米的发光帷幔，由高空垂天而下，悬挂在深蓝色的天幕上。它们时而静止，时而闪动，组成了一幅幅五色斑斓、光怪陆离的图画。"

我们的祖先早在2 000多年前就开始观测北极光，并留下了丰富的观测记录。公元前950年《竹书纪年》曰："周昭王末年，夜清，五色光贯紫微（指紫微垣，是天空中北斗以北的方位）。"这条翔实可靠的文字记录要比古希腊哲学家亚里士多德（前384—前322）的记录早了600年。

又如《汉书》上有关极光的记录不仅精确而且生动形象，使人有身临其境的感觉。书中记道："孝成建始元年九月戊子，有流星出文昌，色白，光烛地，长可四丈，大一围，动摇如龙蛇形。有顷，长可五六丈，大四围所，诎折委曲，贯紫宫西，在斗西北子亥间。后诎如环，北方不合，留一刻。"

在我国的古书《山海经》中也

极 光

有极光的记载。书中谈到北方有个神仙，形貌如一条红色的蛇，在夜空中闪闪发光，它的名字叫烛龙。关于烛龙有如下一段描述："人面蛇身，赤色，身长千里，钟山之神也。"这里所指的烛龙，实际上就是极光。

18世纪以前，生活在极区附近的居民虽然时常目睹这蔚为壮观的景色，却误认为是远处发生了火灾，或者是极地的冰雪把远处的太阳光反射到了天穹上。更有人迷信说，这是女神在扬袖起舞，或者是精灵在空中绘图。俄国科学家，诗人罗蒙诺索夫（1711—1765）写下这样的诗句：

极 光

自然的规律安在？
在半夜时升起了晨曦，
这不是太阳设置的宝座，
也不是冰封的海洋，
而是闪动的火焰。
啊！冰冷的火笼罩着我们，
啊！虽说是夜里，
白天却来到了人间。
是什么令明亮的射线在黑夜中抖动，
又是什么在天空中触发了颀长的火？
如同没有雷暴雨的闪电，
从地面向高空攀登，
它究竟怎样成为凝结的蒸气，
仲冬时季节变成了喷涌的火？

长期以来，极光的成因机理未能得到满意的解释。在相当长一段时间内，人们一直认为极光可能是由以下3种原因形成的：

1. 极光是地球外面燃起的大火，因为北极区临近地球的边缘，所以能看到这种大火。

2. 极光是红日西沉以后，透射反照出来的辉光。

3. 极地冰雪丰富，它们在白天吸收阳光，贮存起来，到夜晚释放出来，便成了极光。

总之，众说纷纭，无一定论。直到20世纪60年代，将地面观测结果与卫星和火箭探测到的资料结合起来研究，才逐步形成了极光的物理性描述。

现在人们认识到，极光一方面与地球高空大气和地磁场的大规模相互作用有关，另一方面又与太阳风有关。由此可见，形成极光必不可少的条件是大气、磁场和太阳风，缺一不可。具备这3个条件的太阳系其他行星，如木星和水星，它们的周围，也会产生极光，这已被实际观察的事实所证明。

为了更形象化，我们打这样一个比方。可以把磁层看成一个巨大无比的电视机显像管，它将进入高空大气的太阳风粒子流汇聚成束，聚焦到地磁的极区。极区大气就是显像管的荧光屏，极光则是电视屏幕上移动的图像。但是，这里的电视屏幕却不是45厘米或60厘米，而是直径为4 000千米的极区高空大气。通常，地面上的观众，在某个地方只能见到画面的1/50。

在电视显像管中，电子束击中电视屏幕，因为屏上涂有发光物质，会发射出光，显示成图像。同样，来自空间的电子束，打入极区高空大气层时，会激发大气中的分子和原子，导致发光，人们便见到了极光的图像显示。在电视显像管中，是1对电极和1个电磁铁作用于电子束，产生并形成一种活动的图像。在极光发生时，极光的显示和运动则是由于粒子束受到磁层中电场和磁场变化的调制造成的。

极光不仅是个光学现象，而且是个无线电现象，可以用雷达进行探测研究，它还会辐射出某些无线电波。有人还说，极光能发出各种各样的声音。

极光不仅是科学研究的重要课题，它还直接影响到无线电通信、长电缆通信，以及长的管道和电力传送线等许多实用工程项目。极光还可以影响到气候，影响生物学过程。当然，极光也还有许许多多没有解开的谜。

极光被视为自然界中最漂亮的奇观之一。如果我们乘着宇宙飞船，越过地球的南北极上空，从遥远的太空向地球望去，会见到围绕地球磁极存在一个闪闪发亮的光环，这个环就叫做极光卵。由于它们向太阳的一边有点被压扁，而背太阳的一边却稍稍被拉伸，因而呈现出卵一样的形状。

极光卵处在连续不断的变化之中，时明时暗，时而向赤道方向伸展，时而又向极点方向收缩。处在午夜部分的光环显得最宽最明亮。

长期观测统计结果表明，极光最经常出现的地方是在南北磁纬度67°附近的两个环带状区域内，分别称作南极光区和北极光区。在极光区内差不多每天都会发生极光活动。在极光卵所包围的内部区域，通常叫做极盖区，在该区域内，极光出现的机会反而要比纬度较低的极光区少。在中低纬地区，尤其是近赤道区域，很少出现极光，但并不是说压根儿观测不到极光。

1958年2月10日夜间的一次特大极光，在热带都能见到，而且显示出鲜艳的红色。这类极光往往与特大的太阳耀斑暴发和强烈的地磁暴有关。

在寒冷的极区，人们举目瞭望夜空，常常见到五光十色、千姿百态、各种各样的极光。毫不夸大地说，在世界上简直找不出两个一模一样的极光形体来。从科学研究的角度，人们将极光按其形态特征分成5种：

1. 底边整齐微微弯曲的圆弧状的极光弧；
2. 有弯扭折皱的飘带状的极光带；
3. 如云朵一般的片朵状的极光片；
4. 面纱一样均匀的帐幔状的极光幔；
5. 沿磁力线方向的射线状的极光芒。

极光形体的亮度变化也是很大的，从刚刚能看得见的银河星云般的亮度，一直亮到满月时的月亮亮度。在强极光出现时，地面上物体的轮廓都能被照见，甚至会照出物体的影子来。

最为动人的当然是极光运动所造成的瞬息万变的奇妙景象。我们形容事物变得快时常说："眼睛一眨，老母鸡变鸭。"极光可真是这样，翻手为云，覆手为雨，变化莫测，而这一切又往往发生在几秒钟或数分钟之内。极光的运动变化，是自然界这个魔术大师，以天空为舞台上演的一出光的活剧，上下纵横成百上千千米，甚至还存在近万千米长的极光带。

令人叹为观止的则是极光的色彩，早已不能用五颜六色去描绘。说到底，其本色不外乎是红、绿、紫、蓝、白、黄，可是大自然这一超级画家用出神入化的手法，将深浅浓淡、隐显明暗一搭配、一组合，一下子变成了万花筒。根据不完全的统计，目前能分辨清楚的极光色调已达160余种。

极光这般多姿多彩，如此变化万千，又是在这样辽阔无垠的穹窿中、漆黑寂静的寒夜里和荒无人烟的极区，此情此景，此时此刻，面对五彩缤纷的极光图形，能不令人心醉，叫人神往吗？无怪乎在许许多多的极区探险者和旅行家的笔记中，描写极光时往往显得语竭词穷，只好说些"无法以言语形容"，"再也找不出合适的词句加以描绘"之类的话作为遁辞。

是的，普通的美丽、壮观、奇妙等字眼在极光面前均显得异常的苍白无力，可以说，即使有生花妙笔也难以述说极光的神采、气势、秉性脾气于万一。

知识点

磁纬度

地球的物理南北极与磁场的南北极是不一样的。磁场的南北极每年都变化，而且历史上还发生过多次磁场互换的事。所以磁纬度就是以南北磁极点为标准划分纬度。越靠近磁极叫高磁纬度，越远离叫低磁纬度。

关于极光的传说

相传公元前2 000多年的一天，夜晚来临了。随着夕阳西沉，夜晚已将它黑色的翅膀张开在神州大地上，把远山、近树、河流和土丘以及所有的一切全都掩盖起来。一个名叫附宝的年轻女子独自坐在旷野上，她眼眉下的一湾秋水闪耀着火一般的激情，显然是被这清幽的夜晚深深地吸引住了。

夜空像无边无际的大海，显得广阔、安详而又神秘。天幕上，群星闪闪烁烁，静静地俯瞰着黑魆魆的地面，突然，在大熊星座中，飘洒出一缕彩虹般的神奇光带，如烟似雾，摇曳不定，时动时静，像行云流水，最后化成一个硕大无比的光环，萦绕在北斗星的周围。其时，光环的亮度急剧增强，宛如皓月悬挂当空，向大地泻下一片淡银色的光华，照亮了整个原野。四下里万物都清晰分明，形影可见，一切都成为活生生的了。

附宝见此情景，心中不禁为之一动。由此便身怀六甲，生下了个儿子。这男孩就是黄帝轩辕氏。

以上所述可能是世界上关于极光的最古老的神话传说之一。

太阳磁场

太阳的绝大部分物质是高温等离子体,太阳的物态、运动和演变都与磁场密切相关。太阳黑子、耀斑、日珥等活动现象,更是直接受磁场支配。因此,对太阳磁场的研究具有重要意义。

1908年,美国天文学家海耳等在威尔逊山天文台(现称海耳天文台),利用光谱线的喇曼效应测量太阳黑子的磁场。这项工作后来在波茨坦天文台(1942)、克里米亚天体物理台(1955)等处也相继开展起来。

美国海耳天文台

1912年,海耳等开始测量太阳的普遍磁场,但得到的结果有较大误差。

1953年,H·D·巴布科克研制了太阳光电磁像仪,用以观测太阳表面的微弱磁场。

在以后20多年,各种不同类型的磁像仪先后研制成功,因而发现了日面局部磁场、太阳整体磁场和磁结点等。在实测工作取得巨大进展的同时,理论研究也蓬勃开展起来。例如,黑子磁场结构、太阳活动周的起源、耀斑爆发机制以及磁场内谱线形成理论等研究,都有了重要的进展。

太阳磁场分布于太阳和行星际空间。分大尺度结构和小尺度结构。前者主要指太阳普遍磁场和整体磁场,它们是单极性的,后者则主要集中在太阳活动区附近,且绝大多数是双极磁场。

在太阳风作用下,太阳磁场还弥漫整个行星际空间,形成行星际磁场。它的极性与太阳整体磁场一致,随着离开太阳的距离增加而减弱。各种太阳活动现象都与磁场密切相关:耀斑产生前后,附近活动区磁场有剧烈变化;黑子的磁场最强,小黑子约0.1特斯拉,大黑子可达0.3~0.4特斯拉甚至更高。耀斑的磁场约0.02特斯拉。日珥的形成和演化也受磁场的支配。

太阳黑子磁场:

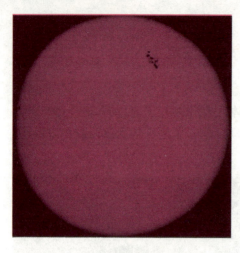

太阳黑子

一般说来，一个黑子群中有两个主要黑子，它们的磁极性相反。如果前导黑子是N极的，则后随黑子就是S极的。在同一半球（例如北半球），各黑子群的磁极性分布状况是相同的；而在另一半球（南半球）情况则与此相反。在一个太阳活动周期（约11年）结束、另一个周期开始时，上述磁极性分布便全部颠倒过来。因此，每隔22年黑子磁场的极性分布经历一个循环，称为一个磁周。强磁场是太阳黑子最基本的特征。黑子的低温、物质运动和结构模型都与磁场息息相关。

耀斑与磁场：

耀斑是最强烈的太阳活动现象。一次大耀斑爆发可以释放 $10^{23} \sim 10^{26}$ 焦耳的能量，这个能量可能来自磁场。在活动区内一个强度为几百高斯的磁场一旦湮没，它所蕴藏的磁能便全部释放出来，足够供给一次大耀斑爆发。在耀斑爆发前后，附近活动区的磁场往往有剧烈的变化。本来是结构复杂的磁场，在耀斑发生后就变得比较简单了。这就是耀斑爆发的磁场湮没理论的证据。

日珥的磁场：

日珥的温度约为10 000℃，它却能长期存在于温度高达100万℃的日冕中，既不迅速瓦解，也不下坠到太阳表面，这主要是靠磁力线的隔热和支撑作用。宁静日珥的磁场强度约为0.001特斯拉，磁力线基本上与太阳表面平行；活动日珥的磁场强一些，可达0.02特斯拉，磁场结构较为复杂。

如果把太阳当作一颗恒星，让

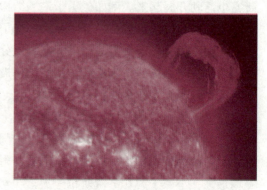

日珥

不成像的太阳光束射进磁像仪，就可测出日面各处混合而成的整体磁场。这种磁场的强度呈现出有规则的变化，极性由正变负，又由负变正。大致来说，在每个太阳自转周（约27天）内变化两次。对这个现象很容易作这样的解释：日面上有东西对峙的极性相反的大片磁区，随着太阳由东向西自转，科学家们就可以交替地观察到正和负的整体磁场。

总之，太阳上既有普遍磁场，又有整体磁场。前者是南北相反的，后者是东西对峙的。

太阳的磁场来源是一个尚未解决的难题。现有学说可分为两类：

一类是化石学说，认为现有的磁性是几十亿年前形成太阳的物质遗留下来的。理论计算表明，太阳普遍磁场的自然衰减期长达100亿年，因此，磁性长期留存是可能的。

另一类是目前得到普遍承认的发电机学说（太阳平均磁流发电机机制），认为太阳的磁场是带电物质的运动使微弱的中子磁场得到放大的结果。既然太阳的物质绝大部分是等离子体，并且经常处于运动状态，那就可以利用发电机效应来说明关于太阳磁场起源中的若干问题。

知识点

太阳的结构

天文学家把太阳结构分为内部结构和大气结构两大部分。太阳的内部结构由内到外可分为核心、辐射层、对流层3个部分，大气结构由内到外可分为光球、色球和日冕3层。

核心：太阳的核心区域虽然很小，半径只是太阳半径的1/4，但却是产生核聚变反应之处，是太阳的能源所在地。

辐射层：按照体积而言，辐射层约占太阳体积的一半。太阳核心产生的能量，通过这个区域以辐射的方式向外传输。

对流层：对流区处于辐射区的外面，温度和密度比辐射层低很多。由于巨大的温度差引起对流，内部的热量以对流的形式在对流区向太阳表面传输。

光球层：太阳光球就是我们平常所看到的太阳圆面，通常所说的太阳半径也是指光球的半径。光球的表面是气态的，不透明。光球表面一种著名的活动现象便是太阳黑子。日面上黑子出现的情况不断变化，这种变化反映了太阳辐射能量的变化。

色球层：是太阳大气中的第二层。平时由于地球大气把强烈的光球的光散射开，色球被淹没在蓝天之中，我们是看不到这一层的。只有在日全食的时候，才有机会直接饱览它的风采。

日冕层：日冕是太阳大气的最外层，厚度达到几百万千米以上。日冕温度有100万℃。在高温下，氢、氦等原子已经被电离成带正电的质子、氦原子核和带负电的自由电子等。这些带电粒子运动速度极快，以致不断有带电的粒子挣脱太阳的引力束缚，射向太阳的外围，形成太阳风。

如何预报剧烈的太阳风

太阳风是由太阳上的能量高的带电粒子如电子、质子等从太阳表面喷射到太阳外的太阳系空间甚至更远的空间。由于太阳风中粒子带有电荷，因此也将太阳磁场带入太阳系空间甚至更远的空间，形成太阳系行星空间的行星际磁场。因为太阳风含有高能量带电粒子，这对于行星际中的空间飞行器，特别是对飞行器里的人和生物等是有伤害的。因此对剧烈的太阳风的预报和预防是特别需要的。

如何预报剧烈的太阳风？

太阳风是从太阳发射出来的高能量带电粒子，是太阳的磁活动，如太阳黑子和太阳耀斑等产生的，这就需要预报太阳的剧烈磁活动。

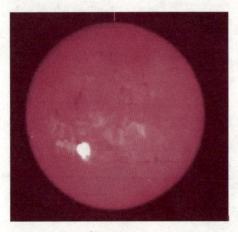

太阳耀斑

太阳黑子和太阳耀斑是可以从太阳光观测出来的。光的传播速度是远高于高能带电粒子的运动速度的，因此只要观测到太阳黑子和太阳耀斑等剧烈活动的光信号，便可以预测和预报剧烈太阳风的时间。这样就可以对行星际空间将要发生的剧烈太阳风进行预测和预报了。

当然这就需要更多和更深入地研究各种太阳磁活动，特别是剧烈太阳磁活动的产生机制和各种影响因素。

充满磁场的宇宙

现代人类已进入空间时代。空间环境对人和生物等的影响已受到特别的关注，其中的空间气候如太阳风等便同太阳磁场和太阳系磁场有着密切的关系。

在太阳系行星系统中，许多行星的磁场都低于地球的磁场，但是太阳系中最大的行星——木星的表面磁场却约为地球磁场的10倍。这是什么原因？

进一步深入研究认识到，木星主要是由氢构成的，木星表面为氢气；木星内部压力增大，氢气转变为液态氢；再深入木星内部，压力更增大，液态氢又转变为固态氢；更深入木星内部后固态氢密度更增大，又从绝缘状态的氢转变为金属状态的氢。

从物理学理论研究可知，金属氢还可能在一定条件下转变为超导体。如果木星内部存在电阻为零的超导氢，就会存在巨大的电流，并由此产生高的磁场。这样就可以说明木星为什么有较高的磁场了。

物理学理论研究还指出，金属氢还可能是一种高温高能燃料。这样就促进了关于金属氢的探索性研究。目前虽然在地球上还未研究出金属氢来，但是对木星磁场的测量和研究以及由此引出的关于金属氢的推测却是引人注意的。

磁场既然是普遍存在的，那么，宇宙中存在着多高的强磁场和多弱的

木　星

弱磁场？它们又存在于何处？

通过大量的天文观测和研究，现在认识到的最强磁场存在于脉冲星中。脉冲星又称中子星，是恒星演化到晚期的一类星体。根据天体演化过程，一般恒星演化到晚期时，由于原子核聚变产生高热能所需的核聚变物质已经用尽，热能剧减，恒星物质的引力便使星体收缩，体积变小，而恒星磁场便因恒星收缩和磁通密度变大而增强。这样，演化到晚期的恒星磁场便急剧增大。

例如，演化到晚期的白矮星的磁场剧增到约 $10^3 \sim 10^4$ 特，而演化到晚期的脉冲星（中子星）的磁场更剧增到约 $10^8 \sim 10^9$ 特，分别比太阳磁场高约千万到亿倍和约万亿到10万亿倍。进一步研究认识到这一发射的 X 射线谱是由于 X－1 脉冲星的电子流在磁场中的回旋运动产生的，而谱线的吸收峰便是电子流在磁场中的回旋共振峰。由回旋共振的位置（X 射线的能量）便可计算出回旋共振的磁场的强度约 5×10^8 特。这样强的磁场是目前科学技术在地球上远远达不到的，目前科学技术在地球上所能得到的磁场的强度仅约 10^2 特，两者相差约百万倍。

目前在宇宙中观测到的最弱的磁场是多少？是在什么地方观测到的？根据目前对各处宇宙磁场的观测，各种星体的磁场都高于星体之间的星际空间的磁场。例如，在太阳系中各行星之间的行星际磁场约为 $(1 \sim 5) \times 10^{-9}$ 特，即约为地球磁场的十万分之一。

在各个恒星之间的恒星际空间的恒星际磁场，常简称星际磁场，比行星际磁场更低，大约为 $(5 \sim 10) \times 10^{-10}$ 特，即约为行星际磁场 1/10。恒星际（空间）磁场是如何知道的？

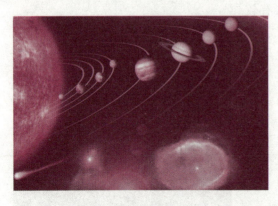

太阳系

目前主要是应用恒星光的偏振观测和恒星射电（无线电波）的塞曼效应（即无线电波在磁场中分裂而改变频率）观测及维持银河星系结构的稳定性理论计算等来测定或估算恒星际磁场。

由现代多方面的天文观测知道，由大量的恒星形成星系，例如太阳便是银河星系中的一颗恒星，而银河星系以外的宇宙空间中还有更多更多的星系。星系与星系之间的空间称为星系际空间,根据多方面的天文观测的间接推算和理论估计,星系际空间的磁场约为 $10^{-13} \sim 10^{-12}$ 特,即约为行星际磁场的 1/10 000~1/1 000。恒星际磁场大约相当于人的心(脏)磁场(约 10^{-11} 特),而星系际磁场大约相当于人的脑(部)磁场(约 10^{-13} 特),甚至低于脑(部)磁场。

从上面宇宙磁现象的介绍可以看出,宇宙磁现象是宇宙空间到处都存在的,而且许多宇宙磁现象还同科学研究和我们生活有着密切的关系,还有着远比我们在地球上接触到的磁场更强和更弱的磁场。

知识点

白矮星

白矮星是一种低光度、高密度、高温度的恒星。因为它的颜色呈白色,体积比较矮小,因此被命名为白矮星。

白矮星是一种晚期的恒星。根据现代恒星演化理论,白矮星是在红巨星的中心形成的。白矮星是一种很特殊的天体,它的体积小、亮度低,但质量大、密度极高。比如天狼星伴星(它是最早被发现的白矮星),体积和地球相当,但质量却和太阳差不多。

延伸阅读

月球磁场和月岩磁性

在20世纪60年代的"阿波罗"飞船载人登上月球以前,人类对于地球以外的天体的观测都是依靠人眼或望远镜。直到"阿波罗"飞船载人登上月球,人类才开始了对地外天体的直接观测和研究。在航天人员对月球的许多直接观察、测量和研究中,关于月球的磁场和月岩磁性的观察、测量和研究也是一项重要的工作，并且取得了很有意义的结果。

从多次登月对月球磁场和月岩磁性的测量和研究中得到了关于月球结构和演化等的一些重要信息。

月球表面

例如，月球磁场强度仅约为地球磁场的1/100，远低于地球磁场，而且磁场强度分布很不均匀，也不像地球磁场来自地球的磁北极和磁南极；又例如，月岩中的强磁性物质主要是铁和铁合金，不像地球岩石中的强磁性物质主要是铁的氧化物或铁的其他化合物，表明月球上长期缺乏氧气等气体。

再经过进一步的科学研究和分析，可以从月岩剩余磁性推论古代月球磁场远强于现在的月球磁场，而同现在的地球磁场相近；又可以从现在月球的变化磁场推论它是由太阳发射的带电粒子流即太阳风在月球内部因电磁感应作用所产生的，因而可推算月球内部岩石的电导率及其分布情况，再结合对月岩的其他科学研究，又可以进一步科学推论月球内部为固态物质，不像地球内部有液态物质。

再从这些观测分析和研究，使得关于月球磁场来源的模型和学说多达20多种。特别值得注意的是，由月球磁场的观测研究可以推断月球的内部结构和物态，这在现代天文学和宇宙学的观测研究上是十分少见的。

奇特的磁极倒转现象

地球的磁场并非亘古不变，它的南北磁极曾经对换过位置，即地磁的北极变化成地磁的南极，而地磁的南极变成了地磁的北极，这就是所谓的"磁极倒转"。

人们在世界各地记录当地的地磁场方向和强度；后来科学家们又发现在火山熔岩和大陆与海底的地质沉积物当中，能够找到更加久远的历史上的地磁记录。所有这些数据都告诉我们，地球磁场的空间分布非常复杂，反映了它的产生机制也非常复杂，决不是可以简单地想象为由一根南北向的磁铁棒所发出的；而地磁场的方向与强度在漫长的历史当中随着时间而发生的变迁，也是充满了未解之谜。

地球磁极变化的最激动人心一幕是"磁极倒转"事件。在地球演化史中，"磁极倒转"事件经常发生。仅在近450万年里，就可以分出4个磁场极性不同的时期。有2次和现在基本一样的"正向期"，有2次和现在正好相反的"反向期"。而且，在每一个磁性时期里，有时还会发生短暂的磁极倒转现象。

地球磁场的这种磁极变化，同样存在于更古老的年代里。从大约6亿年前的前寒武纪末期，到约5.4亿年前的中寒武纪，是反向磁性为主的时期；从中寒武世到约3.8亿年前的中泥盆纪，是正向磁性为主的时期；中泥盆纪到约0.7亿年前的白垩纪末，还是以正向极性为主；白垩纪末至今，则是以反向极性为主。

如果把地球的历史缩短成一天，在这期间你会发现手上的指南针像疯了似地乱转，一会儿指南，一会儿指北。

地球为什么有磁场？磁场又为什么会反转？较为流行的解释是：地球是一个巨大的"发电机"。

一些地球物理学家认为，地球磁场变化的原因来源于地球中心的深处。地球像太阳系里的其他某些天体一样，是通过一个内部的发电机来产生自己的磁场的。

从原理上，地球"发电机"和普通发电机一样工作，即由其运动部分的动能产生电流和磁场。发电机的运动部分是旋转的线圈；行星或恒星内部运动部分则发生在可导电的流体部分。在地心，有着6倍于月球体积的巨大钢铁融流海洋，构成了所谓的地球发电机。

我们探究磁场如何反转之前，需要了解是什么驱动着地球发电机。在20世纪40年代，物理学家就公认：3个基本条件对产生任何的行星磁场是必需的，并且自那以后的其他发现都是建立在这一共识之上。

1. 第一个条件是：要有大量的导电流体——地球地心的外核是富含铁的流体。这个临界层包裹着一个几乎纯铁的固态地心内核，深埋在厚重的地幔和极薄的大陆、海洋地壳之下，距离地表的深度约2 900千米。地壳和地幔重量带来的极大负荷，造成了地核内的平均压力是地表压力的200万倍。此外，地心的温度也同样极端——大约为6 000℃，和太阳表面的温度相近。

2. 这些极端的环境条件，构成了行星发电机的第二个条件：驱动流体运动的能量来源。

驱动地球发电机的能量，部分是热能，部分是化学能——两者都在地心深处造成浮力。就像一锅在火炉上熬着的汤一样，地心的底部比顶部热。这意味着地心底部较热的、密度较低的铁趋向于上升，就像热汤里的水滴。

当这些流体到达地心顶部时，会由于碰到上覆的地幔而丧失部分热量。于是液态铁会冷却、密度变得比周围的介质高，从而下沉。这个通过流体的上升和下降来自下而上传递热量的过程称为热对流。

曾任职于美国加州大学洛杉矶分校的一名研究人员在20世纪60年代指出过，热量从地心上部的外核逸出也会导致地心固态内核体积的膨胀，产生两种另外的浮力来源来驱动对流。

当液态的铁在固态内核的外部凝固成晶体时，潜在的热量——结晶热会作为副产品被释放出来。这些热量有助于增强热浮力。此外，密度较低的化合物（如硫化铁和氧化铁）被内核的结晶体排出并穿过外核上升，也会加强对流。

3. 行星要产生自维持的磁场，还需要第三个条件：旋转。

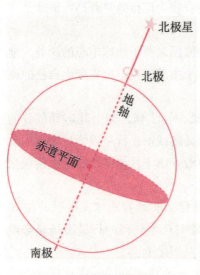

地球自转示意图

地球的自转通过科里奥利效应使地心内上升的流体偏转，就像我们在气象卫星影像上看到的洋流和热带风暴被科里奥效应扭曲成熟悉的旋涡状一样。在地心中，科里奥利使上涌的流体偏转，沿着螺旋形的轨迹上升，仿佛沿着松弛弹簧的螺旋状金属线运动。

地球有着一个富含铁的液态地心能够导电、有足够的能量驱动对流、有科里奥利使对流的流体偏转，这些是地球发电机能够维持它本身数十亿年的主要原因。但科学家需要更多证据来回答磁场的形成和为什么随着时间的推移会改变极性等令人迷惑的问题。

根据卫星测量数据外推至地心—地幔边界的地球磁场的等高线图显示，大部分磁通量是在南半球穿出地心，在北半球进入地心。但是在少数特殊区域，确实出现了相反的情况。这些反向通量带在1980～2000年之间增长和扩张；如果它们覆盖了两极，接着就会发生极性反转。

如果磁极倒转，会有一段时间，地球完全没有磁场。大家担心的"地球翻转"，是不会发生的，但是仅仅"没有磁场"，就足够恐怖了：

1. 低纬度人造卫星在太阳风吹打下会被摧毁。人类通讯瘫痪。

2. 由于生物定向能力失去，导致生物大灭绝。

3. 失去地磁场保护，地球暴露在宇宙射线、太阳粒子辐射下，将会对地球气候、人类生命产生致命影响。有科学家甚至认为，存在古人类文明，由于磁极倒转覆灭了。

但是，科学家还没有悲观。他们一方面在监控，另一方面在研究。希望将来能研发出控制地球磁场的仪器。地球是我们的家园，不能随随便便放弃它。

地球诞生以来，地球磁场不但改变方向，而且经常倒转。螃蟹是一种对磁场十分敏感的动物，面对着磁场不断变化的情况，它不得不采取一种折衷的办法，以不变应万变，既不向前走也不向后走，而是横着走。地球的倒转对这种老资格的动物来说，就没有什么影响了。

螃 蟹

知识点

地质年代的划分

相对地质年代，是指岩石和地层之间的相对新老关系和它们的时代顺序。地质学家和古生物学家根据地层自然形成的先后顺序，将地层分为5代12纪。即早期的太古代和元古代（元古代在中国含有1个震旦纪），以后的古生代、中生代和新生代。古生代分为寒武纪、奥陶纪、志留纪、泥盆纪、石炭纪和二叠纪，共6个纪；中生代分为三叠纪、侏罗纪和白垩纪，共3个纪；新生代只有第三纪、第四纪2个纪。

科里奥利效应

科里奥利效应，是地球自转偏向力，指的是由于地球沿着其倾斜的主轴自西向东旋转而产生的偏向力，使得在北半球所有移动的物体包括气团等向右偏斜，而南半球的所有移动物体向左偏斜的现象。

如果一个物体是静止的，或者相对于某一固定点做匀速运动，那么，在这个物体上运动是不会出现什么问题的。如果你想从物体一端的 A 点沿着一条直线走到另一端的 B 点，你在走的过程中不会感到有任何困难。

但是，如果一个物体的不同部分以不同的速度运动，那么，情况就大不一样了，假定有一个旋转游戏台或者任何一个绕其中心旋转的平台。整个平台的整体在旋转，但在中心附近的一点画出一个小圈，因而在缓慢地运动，而靠近外缘的一点则画出一个大圈，因而在快速地运动。

假定你站在中心附近的那个点上，想要直接从中心出发的一条直线上走向靠近外缘的那个点。在中心附近的出发点上，你取得了该点的速度，缓慢地运动。但是，当你向外走时，惯性效应使你保持缓慢运动，不过，当你越往外走的时候，你脚下的台面转动得越快：你本身的慢速和台面的快速的结合，使你觉得你在被推向与旋转运动相反的那个方向去。

如果旋转游戏台是在反时针方向转动，你就会发现，当你向外走时，你的路线越来越明显地顺时针方向弯曲。如果你从靠近外缘的一点出发向内行进，你就会保持着出发点的快速运动，但你脚下的台面运动得越来越慢。因此，你会觉得你在旋转方向上被越推越远。

如果旋转游戏台是反时针方向运动，那么，你的路线会再次越来越明显地顺时针方向弯曲。

如果你从靠近中心的一点出发，向靠近外缘的一点走去，然后回头向靠近中心的一点走去，而且沿着阻力最小的路径前进，你就会发现，你走的路径大体上是一个圆形。

法国物理学家科里奥利于1835年第一次详细地研究了这种现象，因此这种现象称为"科里奥利效应"。有时也把它称为"科里奥利力"，但它并不真是一种力，它只不过是惯性的结果。

科里奥利效应在日常生活中最重大的意义，是同旋转着的地球有关。地球表面赤道上的一个点，在24小时内画一个大圆圈，因此它是在快速地运动。如果我们从赤道出发，越向北（或向南）走，那么，地面的一个点在一天之内画出的圆圈就越小，它也运动得就越慢。

人体磁场

人体磁场属于生物磁场的范畴。就人体磁场产生与测定的研究而言，它的历史并不长，大约三四十年，现处于发展过程中。

由于人体的磁场信号非常微弱，又常常处于周围环境的磁场噪声中，给测定工作带来了极大的困难，这是造成此项研究迟缓的主要原因。但伴随现代科学技术的飞速发展，陆续研制出了一系列先进的测量仪器，尤其是超导量子干涉仪的研制成功，使人体磁场的研究进入高速发展时期。用微弱磁场测定法通过对人体磁场的

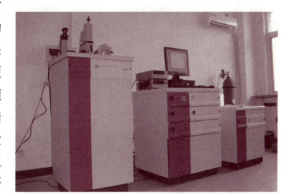

超导量子干涉仪测试系统

检测，把所获人体磁场的信息应用于临床多种疾病的诊断及一些疑难病症的治疗中，都有重要的意义……

那么，人体生物磁场是如何形成的？我们认为其来源有三：

1. 由生物电流产生。人体生命活动的氧化还原反应是不断进行的。在这些生化反应过程中，发生电子的传递，而电子的转移或离子的移动均可形成电流，称为生物电流。人体脏器如心、脑、肌肉等都有规律性的生物电流流动。我们知道，运动着的电荷会产生磁场，从这个意义上说，人体凡能产生生物电信号的部位，必定会同时产生生物磁信号。心磁场、脑磁场、神经磁场、肌磁场等都属于这一类磁场。

2. 由生物磁性物质产生的感应场。人体活组织内某些物质具有一定的磁

性，例如肝、脾内含有较多的铁质就具有磁性，它们在地磁场或其他外界磁场作用下产生感应场。

3. 外源性磁性物质可产生剩余磁场。由于职业或环境原因，某些具有强磁性的物质如含铁尘埃、磁铁矿粉末可通过呼吸道、食管进入体内，这些物质在地磁场或外界磁场作用下被磁化，产生剩余磁场。但是，人体生物磁场强度很弱，人体生物磁场在适应宇宙的大磁场的情况下，才能维持机体组织、器官的正常生理，否则就会出现异常反应或生病。

人体中的磁场主要有：

1. 脑磁场：脑磁场非常微弱，但对这方面的研究较多，不但测出了正常人的脑磁场，而且测出了癫痫病人的脑磁场，还研究了视觉、听觉及躯体等方面的诱发脑磁场。

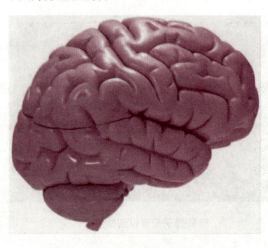

大脑结构模型

有的研究者认为脑磁图可能有助于了解脑细胞群活动与皮层产生的特定功能之间的关系，并有可能成为诊断脑功能状态的新方法。诱发脑磁场的研究结果，将会在生理学、组织学等研究上有重要作用。

关于脑磁场的研究证明：测量脑磁图比脑电图有不少优越性。脑磁图不需要接触皮肤，不会发生由此出现的伪差。另外脑磁图可以直接反应脑内磁场源的活动状态，并能确定磁场源的强度与部位。视觉诱发脑磁场、听觉诱发脑磁场与躯体诱发脑磁场具有特异性，能够分辨出组织上与功能上不同的细胞群体，而诱发脑电图则不能取得上述效果。

2. 心磁场：心磁场是最早探测到的人体磁场。心磁场随时间变化的曲线称为心磁图。

心脏不停地进行舒张收缩活动，供给全身的血液，因而起到了泵的作用。心脏的收缩活动是由于心肌受到动作电位的刺激而发生的，心室肌肉发生动作电位就有电流流动，即心电流，随着心电流的流动而产生心磁场。

3. 肺磁图：肺磁图首先是由科恩于1973年探测出来的，虽然它较脑磁场迟了6年，较心磁场迟了10年，但进展较快，并且已取得了一些重要研究成果，有些国家已开始应用于临床。

肺磁场的产生不同于脑磁场、心磁场，它不是由于体内生物电流产生的，而是由侵入肺中的强磁性物质产生的。在某些工作环境的空气含有较多的强磁性微粒，那里工人的肺中强磁性微粒多于一般人，如电焊工人、石棉工人、钢铁工人等。进入人体肺中的强磁性微粒在地磁场与其他外加磁场的作用下被磁化，而产生剩余磁场。虽然肺磁场在人体磁场中是比较强的，但和地磁场、交流磁噪声相比，仍然是比较弱的。

4. 眼磁场：有作者用超导量子干涉式研究了眼球运动时产生的眼磁场分量的分布情况，并研究了光刺激产生的眼磁图。依据设想的眼电流强度与分布模型计算出来的眼磁场分布和积极测量的眼磁场很符合。

应用眼磁图的优点是不需要接触人体皮肤就能得到较多的信息。眼磁场非常微弱。

视网膜磁场是由视网膜电流产生的，视网膜磁场随时间变化的曲线称为视网膜磁图，它可以用来检查眼睛的病变。

5. 肌磁场：人的骨骼肌运动时，便会产生肌电流，随着电流而产生肌肉磁场。肌磁场虽然微弱，仍可以通过仪器测出。肌磁场随时间变化的曲线称为肌磁图。

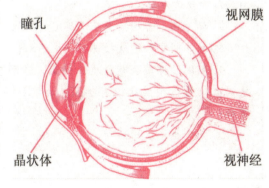

眼球结构示意图

6. 穴位磁场：经过现代科学的测定发现人体的穴位也具有一定范围的磁场，而且是磁场的聚焦点，是人体电磁场的活动点和敏感点，而经络则是电磁传导的通道。

7. 头发毛囊磁场：1980年美国麻省理工学院和以色列技术学院同时发现的一种生物磁现象。

知识点

脑电图

　　脑电图是通过脑电图描记仪将脑自身微弱的生物电放大记录成为一种曲线图,以帮助诊断疾病的一种现代辅助检查方法。它对被检查者没有任何创伤。

　　脑电图对脑部疾病有一定的诊断价值,但受到多种条件的限制,故多数情况下不能作为诊断的唯一依据,而需要结合患者的症状、体征、其他实验检查或辅助检查来综合分析。脑电图检查的目的主要有:

1. 癫痫:脑电图对癫痫诊断价值最大,可以帮助确定诊断和分型,判断预后和分析疗效;
2. 脑外伤:普通检查难以确定的轻微损伤脑电图可能发现异常;
3. 对诊断脑肿瘤或损伤有一定帮助;
4. 判断脑部是否有器质性病变,特别对判断是精神病还是脑炎等其他疾病造成的精神症状很有价值,还能区别癔病、诈病或者是真正有脑部疾病;
5. 用于生物反馈治疗。

延伸阅读

神奇的脑电波

　　人身上都有磁场,但人思考的时候,磁场会发生改变,形成一种生物电流通过磁场,而形成的东西,我们把它定位为"脑电波"。通过能量守恒,我们思考的越用力,形成的电波也就越强,于是也就能解释为什么大量的脑力劳动会导致比体力劳动更大的饥饿感。

　　我们的脑无时无刻不在产生脑电波。早在1857年,英国的一位青年生理科学工作者卡通在兔脑和猴脑上记录到了脑电活动，并发表了题为《脑灰质电现象的研究》的论文，但当时并没有引起重视。15年后，贝克再一次发表脑电波的论文，才掀起研究脑电现象的热潮。直至1924年德国的精神病学家贝格尔才真正地记录到了人脑的脑电波，从此诞生了人的脑电图。

科学研究发现：在脑电图上，大脑可产生4类脑电波。当人在紧张状态下，大脑产生的是β波；在睡意朦胧时，脑电波就变成θ波；进入深睡时，变成δ波；当身体放松，大脑活跃，灵感不断的时候，就导出了α脑电波。

人类认识磁的历程

人们很早就接触到磁的现象，并知道磁棒有南北两极。但对于磁产生的原因则迟迟不能解释。

19世纪前期，奥斯特发现电流可以使小磁针偏转。而后安培发现作用力的方向和电流的方向，以及磁针与导线通过电流的方向相互垂直。不久之后，法拉第又发现，当磁棒插入导线圈时，导线圈中就产生电流。这些实验表明，在电和磁之间存在着密切的联系。

在电和磁之间的联系被发现以后，人们认识到电磁力的性质在一些方面同万有引力相似，另一些方面却又有差别。为此法拉第引进了力线的概念，认为电流产生围绕着导线的磁力线，电荷向各个方向产生电力线，并在此基础上产生了电磁场的概念。

19世纪下半叶，麦克斯韦总结了宏观电磁现象的规律，引进了位移电流的概念，并预言了电磁波的存在，其传播速度等于光速，这一预言后来为赫兹的实验所证实。

正是这些人的发现，为后人认识磁、探索磁、利用磁奠定了坚实的基础。

我国古代对磁的认识

我国是对磁现象认识最早的国家之一。公元前4世纪左右成书的《管子》中就有"上有慈石者，其下有铜金"的记载，这是关于磁的最早记载。

类似的记载，在其后的《吕氏春秋》中也可以找到："慈石召铁，或引之也。"东汉高诱在《吕氏春秋注》中谈到："石，铁之母也。以有慈石，故能引其子。石之不慈者，亦不能引也。"

在东汉以前的古籍中，一直将"磁"写作"慈"。相映成趣的是，磁石在许多国家的语言中都含有慈爱之意。

我国古代典籍中也记载了一些磁石吸铁和同性相斥的应用事例。例如《史记·封禅书》说汉武帝命方士栾大用磁石做成的棋子"自相触击"；而《淮南万毕术》（西汉刘安）还有"取鸡血与针磨捣之，以和磁石，用涂棋头，曝干之，置局上则相拒不休"的详细记载。南北朝时期，郦道元所作的《水经注》和另一本《三辅黄图》都有秦始皇用磁石建造阿房宫北阙门，"有隐甲怀刃入门"者就会被查出的记载。

古代，还常常将磁石用于医疗。《史记》中有用"五石散"内服治病的记载，磁石就是五石之一。晋代有用磁石吸出体内铁针的病案。到了宋代，有人把磁石放在耳内，口含铁块，因而治愈耳聋。

磁石只能吸铁，而不能吸金、银、铜等其他金属，也早为我国古人所知。《淮南子》中有"慈石能吸铁，及其于铜则不通矣"，"慈石之能连铁也，而求其引瓦，则难矣"。

在我国很早就发现了磁石的指向性，并制出了指向仪器司南。

磁　石

《鬼谷子》中有"郑子取玉，必载司南，为其不惑也"的记载。稍后的《韩非子》中有"故先王立司南，以端朝夕"的记载。东汉王充在《论衡》中记有"司南之杓（勺子），投之于地（中央光滑的地盘），其柢（勺的长柄）指南"

不言而喻，司南的指向性较差。北宋时曾公亮与丁度编撰的《武经总要》（1044）在前集卷十五记载了指南鱼的使用及其制作方法："若遇天景曀（阴暗）霾，夜色瞑黑，又不能辨方向……出指南车或指南鱼，以辨所向……鱼法，用薄铁叶剪裁，长二寸阔五分，首尾锐如鱼形，置炭中烧之，候通赤，以铁钤钤鱼首出火，以尾正对子位，蘸水盆中，没尾数分则止，以密器收之。用时置水碗于无风处，平放鱼在水面令浮，其首常南向午也。"

需要特别指出的是，这里极为清晰地论述了热退磁现象的应用。当烧至通赤时，温度超过居里点，磁畴瓦解，这时成为顺磁体。再用水冷却，磁畴又重新恢复。这时鱼尾正对子位（北方）。在地磁场作用下，磁畴排列具有方向性，因而被磁化。

还应注意到，"钤鱼首出火"时"没尾数分"，鱼呈倾斜状，此举使鱼体更接近地磁场方向，磁化效果会更好。从司南到指南鱼，无疑是一个重大进步，但在使用上仍多有不便。

我国古籍中，关于指南针的最早记载，始见于沈括的《梦溪笔谈》。该书介绍了指南针的4种用法：

司　南

1. 水法，用指南针穿过灯芯草而浮于水面；
2. 指法，将指南针搁在指甲上；
3. 碗法，将指南针放在碗沿；
4. 丝悬法，将独股蚕丝用蜡粘于针腰处，在无风处悬挂。

磁针的制作，采用了人工磁化方法。正是由于指南针的出现，沈括最先发现了磁偏现象，"常微偏东，不全南也"。

南宋时，陈元靓在《事林广记》中记述了将指南龟支在钉尖上。由水浮改为支撑，对于指南仪器这是在结构上的一次较大改进，为将指南针用于航海提供了方便条件。

指南针用于航海的记录，最早见于宋代朱彧的《萍洲可谈》："舟师识地理，夜则观星，昼则观日，阴晦观指南针。"

以后，关于指南针的记载极丰。到了明代，遂有郑和下西洋，使用指南针，远洋航行到非洲东海岸之壮举。

极光，源于宇宙中的高能荷电粒子，它们在地磁场作用下折向南北极地区，与高空中的气体分子、原子碰撞，使分子、原子激发而发光。我国研究人员在历代古籍中业已发现，自公元前 2000 年到公元 1751 年，有关极光记载达 474 次。在公元 1—10 世纪的 180 余次记载中，有确切日期的达 140 次之多。

太阳黑子，也是一种磁现象。在欧洲人还一直认为太阳是完美无缺的天体时，我国先人早已发现了太阳黑子。根据我国研究人员搜集与整理，自公元前 165 至 1643 年（明崇祯十六年）史书中观测黑子记录为 127 次。这些古代观测资料为今人研究太阳活动提供了极为珍贵和翔实可靠的资料。

指南针

由此看来，我国古代对磁的记载、研究由来已久。黄帝造指南车的传说虽然未必真实，但也能在某种程度上反映出我国很久以前就对磁有所认识并加以利用了。

遗憾的是，关于磁的认识尽管极为丰富，而关于磁现象的本质及解释，往往又是含糊的，缺乏深入细致的研究。就连被称作"中国科学史上的坐标"的沈括，对磁现象也认为，"莫可原其理"，"未深考耳"，致使在我国历史上，一直未能产生可与英国吉尔伯特《论磁同名磁极相互排斥铁、磁性物体和大磁铁》相媲美的著作。

知识点

《梦溪笔谈》

《梦溪笔谈》是北宋科学家沈括所著的笔记体著作。大约成书于1086—1093 年，收录了沈括一生的所见所闻和见解。

《梦溪笔谈》包括《笔谈》、《补笔谈》、《续笔谈》3部分。《笔谈》二十六卷，分为十七门，依次为"故事、辩证、乐律、象数、人事、官政、机智、艺文、书画、技艺、器用、神奇、异事、谬误、讥谑、杂志、药议"。《补笔谈》三卷，包括上述内容中十一门。《续笔谈》一卷，不分门。

就性质而言，《梦溪笔谈》属于笔记类。从内容上说，它以多于1/3的篇幅记述并阐发自然科学知识，这在笔记类著述中是少见的。因为沈括本人具有很高的科学素养，他所记述的科技知识，也就具有极高价值，基本上反映了北宋的科学发展水平和他自己的研究心得，因而被英国学者李约瑟誉为"中国科学史上的坐标"。

各国关于磁的传说

大约在公元前2000多年，辽阔的中原大地上，中华民族的祖先正经历着一个巨大的社会变迁。原始公社逐渐瓦解，奴隶制社会已在襁褓之中了。相传在这个时候，黄河流域的一些部落，由于治水和对外战争的需要，结成了一些部落联盟，黄帝就是一个部落联盟的首领。不久，黄帝统率大军，讨伐以蚩尤为首领的另一部落联盟。

在一场追击战中，突然，浓厚的大雾漫天盖地而来，黄帝的军队顿时迷失了方向。危难之中，黄帝的军队中有人推出了一辆马车，车上站立着一尊女像。不论马车朝哪个方向前进，这个女像总是用手指向南方。黄帝的军队靠着她的指引，终于冲破迷雾，化险为夷。

在古代的欧洲，也有一些神奇的故事。例如，古罗马有一位博物学家叫普林尼，就曾给后人留下了这样一个传说：

在中国的南面，有一个三面环海的国家，就是现在的印度。很早很早以前的某一天，许多水手驾驶着一艘巨型的木制帆船，从远洋中向岸边驶来。当陆地上的瑰丽景色映入眼帘的时候，水手们禁不住欢呼跳跃起来，帆船就要靠在岸边上一座小山的脚下了。不料，帆船上的所有铁钉突然都被那座小山拔去。顷刻之间，庞大的帆船散落成了一块块零乱的木板。水手们惊慌失措地向岸边游去……

西方早期对磁的研究

当人们已经能够随心所欲地用天然磁石制成各式各样的指南器具，并且也能够通过磁化的方法，把铁制品做成各种形状的磁针和磁铁时，人们开始对磁的性质、特点和规律进行初步探索。虽然我国古代有关磁的资料相当丰富，但在对磁现象本质的研究方面，西方是走在我们前面的。

首先，人们发现，把一个磁铁放入一堆细小的铁钉中，当把它再拿出来时，磁铁的两端吸附了很多铁钉，而磁铁的中间部分则几乎没有吸附什么铁钉。这就是说，一块磁铁的两端磁性最强，而在磁铁的中间部分几乎没有磁性。

磁铁两端磁性最强的区域称为磁极。当把一个磁铁自由地悬挂起来时，它会自动地指向南北方向。指向北方的一极叫做北极，用字母 N 表示；指向南方的一极叫做南极，用字母 S 表示。

其次，当用磁铁的北极靠近另一悬挂着的磁铁的南极时，那个磁铁会被吸引过来；用磁铁的北极去靠近那悬挂着的磁铁的北极时，那磁铁则会被推斥开去。若再拿磁铁的南极去分别靠近悬挂着的磁铁的南极和北极，看到的现象恰恰和上述情况相反，即南极被推斥开，而北极却被吸引过去。

磁 铁

这个实验表明了磁铁（包括天然的磁石），还具有另外一种重要性质，那就是任何磁体的磁极与磁极之间存在着相互作用力，而且是同名磁极相排斥，异名磁极相吸引。

不管是排斥力，还是吸引力，这种磁极之间的相互作用力统称为磁力。

对自然界的每一步探索都丰富了人类知识的宝库，给人们带来鼓舞和新的好奇心。

磁学研究的先驱当数与伽利略同时代的英格兰人吉尔伯特。他早年曾在剑桥大学学习，后来成为一位蜚声欧洲的名医，担任过英国女王伊丽沙白一世的私人医生。

吉尔伯特最初的研究在化学方面，但大约在40岁时，他对磁和电现象产生了兴趣，把其余生奉献给磁和电的实验研究。1600年出版的他的伟大的著作《论磁同名磁极相互排斥铁、磁性物体和大磁铁》，标志着电磁研究新纪元的开始。

在该书中，吉尔伯特介绍了他用磁铁所做的大量实验的结果。他不仅发现了磁体的磁极，而且毫不痛惜地将制作得很好的磁体一折两段，又用磁铁对那两段磁体分别重复了上述实验。实验的结果大大出乎当时人们的意料——每一段磁体仍像一个完整的磁体一样，照样都有自己的南极和北极；而且无论再折成几段，其中任何一段都仍然自成一个新的完整的磁体。由此他第一个确信两个磁极不可分开这一绝妙的事实。

吉尔伯特

吉尔伯特最著名的实验是"磁性小地球"实验。他将一块天然磁石磨制成一个磁石球，把小磁针放在这个磁球的附近，观察磁球对小磁针的作用。他发现，这些小磁针的行为完全和地球上指南针的行为一样，磁球的磁子午圈与地球的经线相像且有两个"磁极"。

于是，吉尔伯特大胆地得出地球是一个大磁体的结论。他还提出一个普遍原理，即每个磁体的磁北极，吸引别的磁体的磁南极，而排斥它们的磁北极。由此，他解释了指南针指北的原因，批驳了一些人对磁体运动原因的迷信说法。

吉尔伯特还做过磁化铁棒或铁丝的实验。通过"拉伸或锤击"铁棒或铁丝，或通过锤击正在从灼热中冷却下来的铁棒或铁丝，都可以将其磁化。

吉尔伯特对静电现象也有实验研究。前人发现摩擦过的琥珀有吸引轻小物体的性质,他发现许多摩擦过的物体也有这种性质。

　　为了把这种性质与磁作用区别开,他把这种性质称为电性,引入"电力"、"带电体"等术语。他第一次明确地区分开了电的吸引和磁的吸引。

　　吉尔伯特把电现象和磁现象做了比较。他认为:

　　1. 磁性是天然的,而电性需经摩擦产生;

　　2. 磁力作用只在少数物体间发生,电力作用则是普遍的;

　　3. 磁力有两种——引力和斥力,电力仅有引力(当时不知道还有斥力);

　　4. 磁体之间作用不受中间物体影响,而带电体则不然。

　　由此,吉尔伯特得出它们是两种截然无关的现象的结论。这个结论,影响后人在随后的200多年里一直把电现象和磁现象分开研究。

　　当然,仅仅知道任何磁体都有磁极,而且磁极之间存在着相互作用力,那还是很不够的。科学需要准确。人们在了解到磁力具有排斥和吸引这两种明显的不同性质之后,自然想要进一步知道,磁极之间的磁力究竟有多大?

　　然而,在科学发展的道路上,几乎没有一帆风顺的事情。相反,困难倒是经常的伴侣。由于每一个磁体都具有两个不同的磁极,因此在研究一个磁体的某一磁极与另一磁体的一个磁极之间的相互作用时,就无法排除其余两个磁极的影响。

　　怎样克服这一困难呢?

　　直至18世纪中叶,法国物理学家库仑和英国物理学家卡文迪许才各自独立地想出了一个聪明的办法。为了尽可能地减少其余两个磁极的影响,他们制作了很细很长的磁体,开始了他们的实验。

　　由于他们使用的磁体既细又长,在研究两个磁体的磁极之间的相互作用时,只要所研究的那两个磁极之间的距离相当近,那么其他两个磁极就离它们

卡文迪许

很远了,产生的影响自然也就微不足道了。

库仑和卡文迪许的这个办法,实在是一个没有办法的办法。他们不能够改变自然界的"安排",也不能"抛弃"那"双胞胎"中的某一个。他们的聪明恰恰在于并不去做那些根本不可能做到的事,而是在自然界允许的范围内,巧妙地进行设计,去达到自己的理想。

库仑和卡文迪许的办法的另一妙处是:考虑到细长磁体的磁极比较小,因而磁性非常集中,所以可以把它看成是具有磁性的几何点,习惯上叫做点磁极。这样,最明显的好处是磁极的位置和磁极之间的距离易于明确地表示和量度,正像一粒细砂的位置比一堆砖石的位置更容易说得准确,两个石子之间的距离比两座山的距离更容易度量一样。

显然,不同磁体的磁极的磁性强弱程度一般说来是不相同的。他们把磁极磁性的强弱程度简称为磁极强度,并用字母 m 表示。当库仑和卡文迪许对具有各种不同的磁极强度的磁极之间的相互作用力做了大量的实验研究之后,磁力的规律终于找到了:

两个磁极之间的磁力(不管是引力或斥力)的大小,跟它们的磁极强度的乘积成正比,跟它们之间的距离的平方成反比,力的方向在这两个磁极的连线上。

这就是著名的磁现象的库仑定律。

知识点

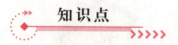

指南针是用以判别方位的一种简单仪器。又称指北针。指南针的前身是中国古代四大发明之一的司南。主要组成部分是一根装在轴上可以自由转动的磁针。磁针在地磁场作用下能保持在磁子午线的切线方向上。磁针的北极指向地理的北极,利用这一性能可以辨别方向。常用于航海、大地测量、旅行及军事等方面。

人类认识磁的历程

延伸阅读

库仑简介

库仑，法国工程师、物理学家。1736年6月14日生于法国昂古莱姆。1806年8月23日在巴黎逝世。

库仑早年就读于美西也尔工程学校。离开学校后，进入皇家军事工程队当工程师。法国大革命时期，库仑辞去一切职务，到布卢瓦致力于科学研究。法皇执政统治期间，回到巴黎成为新建的研究院成员。

1773年，库仑发表有关材料强度的论文，所提出的计算物体上应力和应变分布情况的方法沿用到现在，是结构工程的理论基础。

1777年，库仑开始研究静电和磁力问题。当时法国科学院悬赏征求改良航海指南针中的磁针问题。库仑认为磁针支架在轴上，必然会带来摩擦，提出用细头发丝或丝线悬挂磁针。研究中发现线扭转时的扭力和针转过的角度成比例关系，从而可利用这种装置测出静电力和磁力的大小，这导致他发明扭秤。

库仑还根据丝线或金属细丝扭转时扭力和指针转过的角度成正比，因而确立了弹性扭转定律。

库仑根据1779年对摩擦力进行分析，提出有关润滑剂的科学理论，于1781年发现了摩擦力与压力的关系，表述出摩擦定律、滚动定律和滑动定律。

1785—1789年，库仑用扭秤测量静电力和磁力，导出著名的库仑定律。库仑定律使电磁学的研究从定性进入定量阶段，是电磁学史上一个重要的里程碑。

库　仑

奥斯特与电磁感应的发现

18世纪末,科学家已经发现了很多电现象和很多磁现象,大部分科学家认为电和磁是截然不同的力。

在1820年7月,丹麦科学家奥斯特发表的一篇单行本的论文,证明电和磁之间有密切的关系。

奥斯特于1777年8月生于丹麦鲁兹克宾。他主要在家里接受的教育,在儿童时代便对科学产生了兴趣。13岁时,他给做药剂师的父亲当学徒。1794年,他进入哥本哈根大学,学物理、哲学和药学,并获得了哲学博士学位。

奥斯特

1801年,他完成了博士学业。按照惯例,他开始环游欧洲,访问德国和法国并结识其他科学家。他结识的一位科学家,约翰·里特尔——那时认为电和磁之间有某种联系的少数科学家之一,可能启发了他以后的科学生涯。

1803年,奥斯特返回了哥本哈根,他想要谋求一个大学物理教师的职位,但未能立即如愿。他于是私下里收费讲课。很快,他的课程大受欢迎。1806年,他在哥本哈根大学获得了一个职位。他扩展了物理和化学的课程,建立了新的实验室,并且继续自己在物理和其他科学领域的研究。他的第一篇论文是关于电力和化学力的。他研究了物理学中的很多问题,如水的压缩率和电流在开矿中的应用。

1820年,奥斯特做出了使他一举成名的发现。那时,尽管大多数科学家认为电和磁是没有关系的,但是,也有很多理由认为二者之间有联系。

比如,那时人们早就知道,指南针遭受雷击之后有时会改变极性。奥斯特也早已注意到热辐射和光有某种相似性,它们都是电磁波,尽管他不能证明这一点。那时，他可能已经相信电和磁是物质辐射出的力，并且二者彼此之间有某种相互作用。

1819年冬至1820年春，奥斯特在哥本哈根举办了一个讲座，专门讲授电、电流及磁方面的知识。

1820年4月的一天，在哥本哈根的一个讲演厅里，座无虚席。大家聚精会神地倾听着奥斯特的演讲。奥斯特深入浅出地讲解着电学知识，为了让听众较容易地理解那些深奥的电学原理，奥斯特边讲边做演示实验。

在讲课过程中，奥斯特突然想到一个问题：过去许多科学家在电流方向上寻找电流对磁体的效应都没有获得成功，很可能电流对磁体的作用不是"纵"向的，而是"横"向的。于是，奥斯特把导线和磁针平行放置进行实验。

当时，奥斯特用的电源是伏打电池，导线是一根细铂丝。当他接通电源，让导线通过电流时，他惊奇地发现：靠近铂丝的小磁针突然旋转起来，小磁针向垂直于导线的方向偏转了。小磁针发生偏转的现象并没有引起任何一位听众的注意，然而，这一不显眼的现象却使奥斯特欣喜若狂。这是电磁之间关系的一个确定的实验证据。

有人认为这个发现纯属偶然。这个演示实验是专门设计来寻找电和磁之间的联系，还是为了演示其他现象，档案有不同的记述。可以肯定的是，奥斯特早已准备好来观测这一效应，就仅仅用手头的磁针和电池。

不管纯属意外还是些许意料之中，这一发现激发了奥斯特的极大兴趣。演讲一结束，奥斯特立即回到自己的实验室，开始对

奥斯特实验模拟图

这种现象进行深入细致的研究。从1820年4月起，一直到7月，奥斯特整整耗费了3个月的时间，做了60多个实验，直到他确信电流可以产生磁场。

1820年7月21日，奥斯特以单行本论文的形式发表了他的结果——《论磁针的电流撞击实验》，这册单行本在物理学家和科学团体间私下流传。他的结果主要是定性的，但是效应很清楚——电流可以产生磁力。

这篇论文立即引起了轰动，并且提升了奥斯特在科学界的地位。奥斯特的

重大发现，揭示了电与磁之间的联系，为以后法拉第发现电磁感应定律，麦克斯韦建立统一的电磁场理论奠定了基础。法拉第后来在评价奥斯特的发现时说：它猛然打开了一个科学领域的大门，那里过去是一片漆黑，如今充满了光明。

安培曾写道："奥斯特先生……已经永远把他的名字和一个新纪元联系在一起了。"

伏打电池

伏打电池，又名伏打电堆、伏打堆、伏特电池，是第一个现代的化学电池，是在1800年由意大利物理学家亚历山大·伏打伯爵发明。

伏打电池由很多个单元堆积而成，每一单元有锌板与铜板各一，其中夹着浸有盐水的布或纸板以作为电解质。

奥斯特与安徒生

安徒生是世界著名的童话作家，奥斯特是丹麦伟大的物理学家，两个人有着不同寻常的友谊。

安徒生16岁时，第一次在哥本哈根拜见了44岁的奥斯特。那时，奥斯特由于发现电流的磁效应已经誉满全球。6年后，安徒生在外地读完语法学校后回到哥本哈根。从这时起，他每周应邀到奥斯特家做客一次，即便在奥斯特去世后，他依旧是奥斯特家的座上宾。

另一个习惯是，每个圣诞节的上午，安徒生都要去奥斯特家帮助装点圣诞树，写一些短诗贴在奥斯特给孩子们准备的圣诞礼物上。安徒生曾说过，"奥斯特大概是我最热爱的一个人"。

1829年，安徒生考哥本哈根大学时，奥斯特是主考官。所以说，他们二人首先是师生关系。后来，师生关系发展成了朋友关系。于是，安徒生给奥斯特写信时，有时就不再规规矩矩地称呼对方了，而戏称自己是"小汉斯·克里斯蒂安"，称对方是"大汉斯·克里斯蒂安"。

他1859年创作的童话《两兄弟》就是以奥斯特和他的哥哥安德斯·桑多（长大后成为一名法学家）为原型的。《两兄弟》中描写了终身痛恨迷信的奥斯特小时候的情况："哥哥还没起床；弟弟站在窗前，凝视着草地上升起的水汽。这不是小精灵在跳舞，如同诚实的老仆人所说的那样；他懂的可多了，才不信这一套呢。那是水蒸气，比空气要暖，所以往上升"。

安徒生

两人的友谊对于他俩的事业发展都很重要，还丰富了对方的精神生活。安徒生的写作深受奥斯特的自然观的影响。奥斯特则尝试创作诗歌与散文，他有组诗《飞艇》等作品问世。

两人就信仰与知识的关系，就当时的技术发明，还有科学在艺术中的地位等等交流了很多看法，互相影响，互相启发。安徒生在1853年发表了一篇类似科幻小说的童话《千年之后》，其中居然预言了飞机的发明和英吉利海峡海底隧道的兴建。奥斯特认为，气球将在气象研究中大显身手，推动气象学的进展，以至人类最终将能对任何地方、任何时候的天气形势进行预报。

总之，安徒生觉得奥斯特像一位慈祥的、具有鼓舞力的、见多识广的长辈和朋友，奥斯特则视安徒生为一位对自己充满敬佩心的知己朋友，富有奇思妙想的谈话伙伴，也是用诗性语言宣传自己的整体论自然哲学的急先锋。他俩的友谊是科学与人文可以而且应当交融的活生生的见证。

安培的贡献

奥斯特的电流磁效应的发现报告，很快被译成法文、英文和德文公开发表出来，并引起科学界的极大重视，纷纷转向这方面的讨论和研究，特别是当时的法国巴黎，成了研究中心。

这个时候，正在国外旅游的法国物理学家阿拉果立即从瑞士返回巴黎，向法国科学院报告了奥斯特这一伟大发现的详细情况。阿拉果的报告，引起了法国科学界强烈的反响。做出异乎寻常的反应的是在科学上极其敏感的科学家安培等人。

安培出生于法国里昂的一个商人家庭，从小就表现出惊人的记忆力和非凡的数学才能，完全靠自学获得全面的教育。1793年他父亲被雅各宾党人处死，之后他妻子去世，这些打击使他一度陷入悲伤和苦闷。但对数学和自然科学的热爱使他又振作起来。在听到阿拉果对奥斯特发现的介绍后，他迅速重复了奥斯特的实验并加以发展。在1820年9月18日、9月25日和10月9日科学院召开的会议上报告了他的重要发现。

在随后的几年里，他深入系统地研究了电磁学现象，提出安培力公式和分子电流假说。麦克斯韦把安培誉为"电学中的牛顿"。

安培在1820年9月18日提出了磁针转动方向与电流方向的关系服从右手定则，即现在所称的安培右手定则。既然电流可以像磁石那样吸引或排斥磁针，那么两段电流是否也像两块磁石那样相互作用呢？

在9月25日的报告里，安培用实验证明了两根平行载流导线，当电流方向相同时，相互吸引；当电流方向

安 培

相反时，相互排斥。安培认为，磁作用本质上可归结为电流间的作用。

在10月9日的报告里，安培报告了他对各种弯曲载流导线相互作用的实验研究结果。

在法国科学院10月30日的会议上，法国科学家比奥和萨伐尔报告了载流长直导线对磁针作用力的实验结果。他们发现，这一作用力正比于电流强度，反比于它们之间的距离，作用力的方向则垂直于磁针到直导线的连线。拉普拉斯假设电流的作用归结为电流元独立作用之和，比－萨定律才被表示为微分形式。

在随后的3个月里，安培集中研究了电流元之间相互作用力。为测定这种作用力，他以精巧的实验技巧和高超的数学能力设计了4个"示零实验"。在对实验结果进行分析和综合后，他于12月4日提出任意2个电流元之间作用力的公式，即安培力公式。

安培是一个分子论者。在菲涅耳的批评和启示下，1821年1月，他提出了分子电流假说。他认为，物体内部每个分子中的以太和两种电流质的分解，会产生环绕分子的圆电流，形成小磁体；当有外部磁力作用时，它们呈规则排列，使物体呈现磁性。

类比于静力学和动力学的区别，安培首次把研究动电现象的理论称为"电动力学"。

其实安培本应该建立"首先发现电磁感应"的不朽功勋的。1832年法拉第宣布他发现了电磁感应之后，安培声称，实际上他在1822年就已经发现了一个电流能够感应出另一个电流。

那为什么安培未能发现电磁感应？

正如安培所言，早在1822年，他与德莱里弗在日内瓦做的实验便证明了感应能够产生电流。他们用铜环和马蹄形磁铁做实验。在实验中，他们两人都已清楚地观察到由于感应引起的吸引和排斥，使铜环发生偏转。

当时，法拉第及其他研究者们正热切期望和努力探索着电磁感应效应，安培本应该对他的发现大加宣传，但是安培却没有这样做。那么，安培为什么没有利用这一发现以获得他显然渴望得到的不朽声誉呢？在这一点上，各家众说纷纭。

罗斯把原因归结为德莱里弗的年轻和缺乏经验，以致于在描述这个实验时没有强调感应电流；而安培则是由于疏忽，没有将他的发现探究到底。布伦德尔则简单地认为安培没有考虑1822年的实验结果，因为他坚持的是分子电流的学说。霍夫曼则解释为：安培发现感应现象，被他同时作出的关于同一导线上的电流元之间相互排斥的"发现"所掩盖，使得安培忽视了感应现象。

其实，布伦德尔的陈述基本上是正确的，但令人难以理解，因为他没有指出隐藏在安培行动背后的原因。

1821年9月，法拉第发现通电导线能绕磁铁旋转。不久，他又创制了著名的电磁旋转器，并发表了批评安培理论的论文。对于新的发现和法拉第的批评，安培不能无动于衷，因为两者似乎都触动了他的新学说的基础。此时，分子电流说对安培已变得极为重要，因此他决不能放弃它。这就导致了他对自己的电磁感应的发现极度轻视。

实际上，当德莱里弗宣读安培对该实验的叙述时，安培就在日内瓦，当时他是完全能够作出修正，然而他没有这样做。而对德莱里弗发表在《化学年鉴》上的文章他曾作过一些更改，但却没有修改对感应的叙述。这些事实为我们考察安培当时如何理解和对待感应实验提供了重要的线索。

在当时，安培为了保护他的分子电流理论，很想把同轴电流说否定掉。所以他把实验中由感应所产生的同轴电流也试图解释为分子电流。

安培未能发现电磁感应的原因是他把分子电流理论看得太重要了，而电磁感应只是他最后才希望发现的事情。如果他承认他已经在实验中产生的同轴电流，那就会把他珍贵的理论置于无立足之地。

因此，安培做了他不得不做的事。他把他原来用以在同轴电流和分子电流之间作出选择的（1821年完成的）实验变成了一项毫无意义的练习。他1822年的实验结论表明：无论他观察到什么，他都会坚持把它解释成分子电流，或者至少是分子大小的电流存在的证据。他完完全全成了自己理论的囚徒。

试想，如果安培把他的理论暂时放一下，而将他1822年在日内瓦做的实验全部准确地公布出来，那么，法拉第肯定会重复这个实验，而且凭着他的实验天资，会马上从中探索出用电流产生感应电流的必要条件，原电流和感应电流的方向，以及其他所有的与他在1831

安培的墓地

年独立作出的电磁感应发现中得出的结果相似的结论。这样，电磁感应有可能会提早几年得到发现，而安培也就会得到"最早发现者"的荣誉，用不着在1832年恳求分享这一荣誉了。

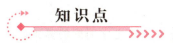

知识点

分子电流假说

安培认为构成磁体的分子内部存在一种环形电流——分子电流。由于分子电流的存在，每个磁分子成为小磁体，两端相当于两个磁极。通常情况下磁体分子的分子电流取向是杂乱无章的，它们产生的磁场互相抵消，对外不显磁性。当外界磁场作用后，分子电流的取向大致相同，两端显示较强的磁体作用，形成磁极，就被磁化了。当磁体受到高温或猛烈撞击时会失去磁性，是因为激烈的热运动或震动使分子电流的取向又变得杂乱无章了。

安培趣闻轶事

安培家境富裕，他父亲因深受卢梭教育理论的影响，特别为他设立一个藏书丰富的私人图书馆，所以他从小就博览群书。这些书不但让他体会到生命崇高的一面，更激发起他对自然科学、数学和哲学的兴趣。

安培是个数学天才，年纪小小已学会数学的基本知识和几何学；12岁就开始学习微积分；18岁时已能重复拉格朗日的《分析力学》中的某些计算。1799年他在里昂担任数学教师，并开始系统地研究数学，后来更写出了概率论的论文。

安培智慧非凡，善于运用数学进行定量分析，他的学术地位也因此不断提高。他被聘为多个学院的物理和数学分析教授，更被邀为英国皇家学会会员。

安培思考科学问题专心致志,据说有一次,安培正慢慢地向他任教的学校走去,边走边思索着一个电学问题。经过塞纳河的时候,他随手拣起一块鹅卵石装进口袋。过一会儿,又从口袋里掏出来扔到河里。到学校后,他走进教室,习惯地掏怀表看时间,拿出来的却是一块鹅卵石。原来,怀表已被扔进了塞纳河。

还有一次,安培在街上散步,走着走着,想出了一个电学问题的算式,正为没有地方运算而发愁。突然,他见到面前有一块"黑板",就拿出随身携带的粉笔,在上面运算起来。那"黑板"原来是一辆马车的车厢背面。马车走动了,他也跟着走,边走边写;马车越来越快,他就跑了起来,一心一意要完成他的推导,直到他实在追不上马车了才停下脚步。安培这个失常的行动,使街上的人笑得前仰后合。

法拉第与发电机

法拉第出生在英国纽因敦城的一个普通的铁匠家庭。13～21岁,他在书店当了8年学徒。装订书、卖书的职业,使法拉第有机会接触许多科学界人士。1812年的一天,一位常来买书的皇家学会会员送给他一张听讲券。在讲座上,法拉第聆听了当时举世闻名的化学家戴维的讲话,并深深地为科学的力量所吸引。

不久,法拉第学徒期满,在另一家印书店当了正式的装订工。新主人很赏识他,许诺让法拉第将来当书店的继承人。然而,法拉第志不在此。他鼓足勇气,写了封信给戴维,希望戴维能帮他谋到一个能够接触技术的职位。

戴维热情地接待了法拉第,劝法拉第再慎重考虑一下自己的理想。他风趣地说:"科学好比一个性情怪癖的女子,你尽管对她倾注满腔热情,可是得到的报酬却极其微小!"

精诚所至,金石为开。1813年,法拉第的愿望终于实现了。他进入皇家学院实验室,给戴维当助理实验员。几个月以后,他得到了一次非常难得的学习机会——随戴维去欧洲进行学术考察。

旅行给法拉第留下了难忘的印象。他的日记里,详细记载了戴维在各地的讲学内容、实验记录,以及各国科学家的实验方法、风格特长;沿途所见的自然景象、风土人情,也引起了他莫大的兴趣。法拉第生性乐观,富于同情心,对大自然和生活在底层的劳动人民怀着深切的热爱。这次旅行,更坚定了他献身科学、造福人类的信念。

一回到伦敦,法拉第就扎实地干起实验室工作来。在两三年的时间里,经过实际锻炼,法拉第具备了出色的实验才能。在戴维的指导下,他开始走上独立研究的道路。

1816年,25岁的法拉第初露锋芒,在《科学季刊》上发表了第一篇化学论文。1818年,法拉第写了一篇关于火焰的学术报告,大胆指出了名家理论的谬误。"名师出高徒",他在戴维的引导下,刻苦钻研、勤奋工作,终于成为一个年轻有为的化学家。

戴 维

1681年夏,一艘航行在大西洋的商船遭到雷击,结果船上的3只罗盘全部失灵:两只退磁,另一只指针倒向。还有一次,意大利一家五金店被闪电击中,事后发现一些钢刀被磁化。由于当时连闪电的性质都没有搞清,这些现象谁也解释不了。100多年来,电磁之谜成了许多科学家探索的目标。

1820年,奥斯特公布了他的发现:把通电的导线放在磁针上方,磁针竟会发生偏转。这个发现立刻引起了整个物理学界的轰动。人们本来认为毫不相关的两种现象,竟有这样奇妙的关系。这个发现成了近代电磁学的突破口,各国科学家纷纷转向电磁研究。

法拉第完全懂得这个发现具有不可估量的意义。他决心沿着奥斯特打开的缺口,作进一步的探索。在戴维的鼓励下,青年化学家毅然闯进了电磁学这个未知的物理领地。

法拉第决定从实践中探索奥秘。他把收集到的有关电磁现象的资料,详细地进行比较研究,并且一一用实验来重新检验。实验进展很快,也很有趣。1821年夏,他在《哲学年报》上发表了有关电磁研究进展的论文。在这篇论文中,法拉第把电流对磁针的作用力称作"转动力",虽然从理论上讲这也没有触及本质,但是他却在实验中巧妙地运用这种"转动力",让一块磁铁绕着一条电线连续转动，或是使一条载流导体绕磁铁不停地旋转。

不久，安培发表了研究报告。法拉第同安培不谋而合。

初次成功使法拉第受到很大鼓舞。他信心更大了，决心为电磁学这门崭新的科学当个开路先锋。根据大量的实验，他确信电和磁就像铜币的图案和字样，是同一事物的两面。既然电流可以产生磁，那么为什么磁不能产生电流呢？1821年秋，法拉第在日记里写下了一个闪光的设想："从磁产生电！"

这是一次艰苦卓绝的攀登，为了实现这个目标，法拉第经历了无数次失败，进行了长达10年的实验研究。

那是一个烦琐的实验：

用铜线在几米长的木棍上绕一个线圈，铜线外面缠着布带以便绝缘。然后在第一层线圈外面，用同样的方法绕上第二层、第三层，直至第十二层，每层之间都是绝缘的。

把第一、三、五等奇数层串联起来，再把第二、四、六等偶数层串联起来，这样就制成了两个紧密结合而又互相绝缘的组合线圈。最后，把其中一组线圈接到开关和电瓶上，另一组线圈接在电流计上。接通电源，指针不动；增加电瓶，增大电流，指针还是不动！

法拉第并没有绝望，而是在崎岖的道路上坚持不懈地进行探索。转眼之间10年过去了。

1831年是法拉第一生中最难忘的一年。这一年的秋天似乎格外晴朗。天气已经有些凉意，法拉第还是穿着那件朴素的外套，在实验室里紧张地工作。他的电学实验进入了最关键的阶段。

这时，法拉第已经把电池组增加到120个电瓶。这意味着初级线圈的电流同最早相比，增大了120倍。他用作实验的线圈，也不知更换了多少。

法拉第全神贯注地操作着，他小心翼翼地合上电闸，更大的电流通过线圈，不一会导线就发热了。法拉第转过头注视着电流计，指针像是固定了一样，还是纹丝不动。

这是为什么呢？

他复查了全部实验记录，对设计思路、实验方法也都作了反省，并且逐件检查了实验器具，连一根导线都不放过。在检查电流计的时候，法拉第无意中注意到：他每次实验都是先接通电源，再转过头来观测电流计。

问题会不会就出在这里呢？

他马上把实验台重新布置好，进行检验。这次法拉第特地把电流计摆在电源开关旁边,以便操作时他的目光可以一直监视指针。

法拉第目不转睛地盯着电流计,然后用手合上了电源开关。就在线路接通的一刹那,电流计指针跳动了一下!这个时间非常短暂,稍不留意就发现不了。法拉第过去的多次实验都忽略了这个细节,这次终于捉住了这个稍纵即逝的"一刹那"。

法拉第乘胜前进,又改进了实验仪器。

法拉第用软铁环代替木棍作线圈的芯子,效果更明显。在断开或者接通初级线圈电流的一刹那,次级线圈连接的电流计上的指针摆动得很厉害。

法拉第开始思考了。从表面上看,这个实验是从初级电流感应出次级电流,换句话说,是从电变成电,好像同磁没有关系。但是反过来说,如果这个发现仅

法拉第实验

仅意味着"从电变成电",那又有一个问题不好解释——为什么要在初级电流接上或者断开的一瞬间,次级线圈才有电流产生呢?这种初级电流的突变会不会同磁有关系呢?

为了弄清这个疑难问题,法拉第继续进行实验。几天以后,他进一步发现,如果改变初级线圈和次级线圈间的位置,或是改变初级线圈的电流强度,次级线圈也有感应电流产生。法拉第顿时明白了,一定是初级线圈的电流产生的磁的作用,使次级线圈感应出电流。

为了证实这个判断,法拉第索性把初级线圈拆掉,用一块磁铁来取代它。他让磁铁穿过次级线圈环,电流计的指针也随着磁铁的运动而摆动。谜底终于被揭开了:正是运动着的磁产生了电流。

这就是著名的电磁感应现象,它揭示出电和磁可以互相转化的辩证关系,为近代电磁学奠定了基础。

法拉第发现了"动磁生电"现象之后,很快总结它的规律:

闭合电路的一部分导体在磁场里做切割磁力线的运动时,导体中就会产生电流。

这一规律启发了法拉第去研制一种发电机:使导体有规律地切割磁力

法拉第在做试验

线,从而产生一股持续的电流来。经过几天的琢磨,1831年10月28日法拉第在他的日记本上画出了他构想的发电机草图:

将一个固定在转动轴上的圆盘,放置在两个磁极之间不断地转动。显然可以把圆盘看成是许多根长度等于半径的铜条组成的。在转动圆盘时,每根铜条都要切割磁力线。将外电路的两端分别接到发电机的转轴和圆盘的边缘时,外电路和圆盘构成了闭合回路,电流就产生了。

法拉第的构想被实验证实了——圆盘发电机很快造出来了。一天法拉第在皇家学会表演他的发电机时,一位贵妇人冷冷地说:"这玩意儿有什么用呢?"

法拉第机智地回答:"夫人,你不应当去问一个刚出生的婴儿会有什么出息,谁也不能预料婴儿长大成人之后会怎么样!"

知识点

电流计

电流计是根据可动线圈的偏转量来测量微弱电流或电流函数的仪器。

最普通的电流计包括一个小线圈,悬挂在永磁铁两极之间的金属带上。电流通过线圈产生磁场,与永磁铁的磁场相互作用而产生转矩或扭力。线圈上连着一根指针或一面反射镜。线圈在转矩作用下旋转,旋转一定角度后与支撑部分的扭力相平衡。此角度即可用来度量线圈内通过的电流。角度用指针的转动或镜面反射光线的偏转来测定。

延伸阅读

法拉第在其他领域的成就

为了证实用各种不同办法产生的电在本质上都是一样的，法拉第仔细研究了电解液中的化学现象，1834年总结出法拉第电解定律：电解释放出来的物质总量和通过的电流总量成正比，和那种物质的化学当量成正比。这条定律成为联系物理学和化学的桥梁，也是通向发现电子道路的桥梁。

法拉第作为一名天才的电学大师，在电磁学的新领域中树立起了前进的路标。1837年他引入了电场和磁场的概念，指出电和磁的周围都有场的存在，这打破了牛顿力学"超距作用"的传统观念。

1838年，法拉第提出了电力线的新概念来解释电、磁现象，这是物理学理论上的一次重大突破。

1843年，法拉第用有名的"冰桶实验"，证明了电荷守恒定律。1852年，他又引进了磁力线的概念，从而为经典电磁学理论的建立奠定了基础。后来，英国物理学家麦克斯韦用数学工具研究法拉第的力线理论，最后完成了经典电磁学理论。

法拉第的实验装置

爱因斯坦高度评价法拉第的工作，认为他在电学中的地位，相当于伽利略在力学中的地位。法拉第奠定了电磁学的实验基础。

1839年，由于过度的思考和劳累，法拉第患了严重的神经衰弱症，暂时中断了对电磁学的研究。但在病中他仍进行了液化气体的研究，几年以后身体稍有恢复，又继续原来的研究课题。

19世纪50年代以后，他的健康状况进一步恶化，被迫停止了研究工作。但他仍经常作演讲，向广大群众宣传科学知识。他非常注意培养青年人。他每星期都在皇家研究院公开讲课。他在70高龄的时候，仍给青少年作通俗科学讲座,并且把讲稿编成了一本著名的科普读物——《蜡烛的故事》。

麦克斯韦与电磁场理论

1831年11月13日,刚好在法拉第发现电磁感应不久,麦克斯韦出生在苏格兰首府爱丁堡。跟出身寒微的法拉第不同,他家学渊博,祖上有不少名流学者。父亲在乡下有产业;自己职业是律师,兴趣却在科学技术上,他爱设计机器、爱科学、爱提问。麦克斯韦从小受到熏陶,上中学时已才华出众,第二年考入爱丁堡大学。三年后转入剑桥大学,以甲等数学第二名的优异成绩毕业。麦克斯韦受父亲的影响,对实际问题感兴趣。他的研究题目都是怎样运用数学解决物理学、天文学或工程问题。

麦克斯韦从剑桥大学毕业后,最初研究光的色彩理论。不久他读到法拉第的电磁实验研究。用充满力线的场代替牛顿的真空,用力在场中以波的形式和有限的速度代替牛顿的超距作用,这不同凡响的大胆见解唤起了麦克斯韦的想象力,引起了他的共鸣。然而麦克斯韦也看到,法拉第的表述方法不够严谨,有漏洞。正是在这里他可以大显身手,施展自己的数学才能。

麦克斯韦在电磁学论文《论法拉第的力线》中,开宗明义,第一句话是:"关于电的科学,目前的状况对于思考特别不利。"

麦克斯韦要改进这种状况。他运用法拉第的力线思想,把法拉第发现的种种迥然不同的现象彼此之间的内在联系,清楚地展现在数学家、物理学家们面前。

要做到这一点,必须具备两方面的条件:

1. 要澄清物理概念,建立一个物理模型,以便类比借鉴;

麦克斯韦

2. 要运用数学工具，给出精确的数量关系。

法拉第对电流周围的磁力线所作的物理描述，被麦克斯韦概括为一个矢量微分方程。这是一个良好的开端，法拉第的物理直觉能力和麦克斯韦的数学分析技巧开始会合了。

法拉第比麦克斯韦年长 40 岁，他们的出身、教育、性格、爱好截然不同。一个来自社会最底层，一个门第高贵。一个连小学也没毕业，一个是名牌大学的高才生。法拉第讲话娓娓动听，引人入胜；麦克斯韦才思敏捷，言辞锋利，却不管听的人懂不懂，只管自己发挥。一个是实验巨匠，一个是数学高手。一个善于运用直觉，把握住物理现象的本质，设计巧妙的实验、观察、记录、归纳；一个擅长建立物理模型运用数学技巧演绎、分析、提高。如果把他们两个人的特点集于一身，那就是一个理想的物理学家了。现在他们确实汇集在一起。他们坚信场的物质性，反对牛顿的超距作用；他们的目标是一致的——建立一个全新的、不从属于牛顿自然哲学体系的电磁学理论。

在麦克斯韦建立他的电磁理论之前，诺埃曼、韦伯等德国物理学家继承了安培的超距作用观点，对电磁现象的研究做过不少贡献，形成了电动力学的所谓大陆学派。但是，他们企图在力学的框架内理解电磁现象，提出各种复杂的相互作用的"势"来描述电磁过程，理论复杂而不自然，未能建立一个统一的理论体系。而麦克斯韦则继承了法拉第的近距离作用观念，取得了决定性的进展。

麦克斯韦走了三大步才建立起电磁理论，前后历时 10 余年。他一开始就把注意力集中到法拉第的力线上。

1856 年，他发表了电磁理论方面的第一篇论文《论法拉第的力线》。在开尔文对热传导现象、流体运动和电磁力线的类比研究的基础上，首次试图将法拉第的力线概念表述成精确的数学形式。他在文中给出了电场的已知定律的微分关系式。

法拉第的力线图

1862 年，他发表了第二篇论文《论物理的力线》。在这篇论文中，他提出一个分子涡流以太模型，通过数学计算可以得出电学和磁学中全部已知的基本定律。

除此之外，麦克斯韦还在这个模型的基础上引入了"位移电流"的概念：

变化电场引起介质电位移的变化，这种变化与传导电流一样在周围空间激发磁场。

位移电流完全是麦克斯韦的独创（在没有任何实验提示的情况下，只是为了保证理论的自洽性——与电荷守恒定律兼容而大胆引入的）。因此，麦克斯韦电磁理论决不仅仅是法拉第的思想的数学精确化。提出位移电流不但保证了理论的自洽性，而且使理论具有一种对称性：变化的电场在周围的空间激发涡旋磁场，变化的磁场在周围的空间激发涡旋电场，这就为脱离场源而交互变化的电场和磁场——电磁场的独立存在提供了依据。电磁场是一种新型的运动，以横波的形式在空间传播，形成所谓的电磁波。

1865年，他发表了第三篇论文《电磁场的动力理论》。他不再用他过去提出的以太模型，而是通过数学解析方法，总结了以他的名字命名的电磁场基本方程——麦克斯韦方程组。由这个方程组，他推出电磁场所满足的波动方程，预言了电磁波的存在。

由于算出的电磁波在真空中传播速度与真空的光速相同，麦克斯韦断言光就是频率在某一范围的电磁波，建立了光的电磁理论。这是理论和实验相结合的硕果。

麦克斯韦塑像

麦克斯韦扎实的数学基础为他的成功奠定了基础。数学作为物理研究的工具是极为重要的。麦克斯韦如果没有扎实的数学功底、严密的逻辑思维能力，就不可能得出麦氏关系，这一点是不容质疑的。

还要说明的是：麦克斯韦先用以太模型导出新的方程组，然后又敢于舍弃原来的力学比拟，让电磁场理论从机械论框架中解脱出来，成为独立的对象，这就是麦克斯韦的伟大之处。

有人曾这样比喻：对麦克斯韦来说，机械模型就好像建筑高楼大厦时的脚手架，楼房建好之后，脚手架就一点一点地被拆掉了。这一点和我们前面提到的安培形成鲜明的对比，安培完全被自己的理论框架囚禁了，从而失去了发现电磁感应的机会。

麦克斯韦方程组被列入"改变世界面貌的10个公式"之一。当法拉第和麦克斯韦将电磁学的大厦建立起来以后，又出现了一位杰出的物理学家——赫兹。他用实验证实了电磁波的存在。之后不到6年时间，意大利的马可尼和俄国的波波夫就分别实现了无线电的长距离传播。无线电报、无线电广播、无线电话、电视、雷达，数不尽的无线电技术蓬勃发展起来，使人类的生活达到了空前的丰富多彩。

知识点

以 太

以太，或译乙太，是希腊语，原意为上层的空气，指在天上的神所呼吸的空气。在宇宙学中，有时又用以太来表示占据天体空间的物质。

17世纪的笛卡儿是一个对科学思想的发展有重大影响的哲学家，他最先将以太引入科学，并赋予它某种力学性质。

在笛卡儿看来，物体之间的所有作用力都必须通过某种中间媒介物质来传递，不存在任何超距作用。因此，空间不可能是空无所有的，它被以太这种媒介物质所充满。以太虽然不能为人的感官所感觉，但却能传递力的作用，如磁力和月球对潮汐的作用力。

后来，以太又在很大程度上作为光波的荷载物同光的波动学说相联系。人们对波的理解只局限于某种媒介物质的力学振动。这种媒介物质就称为波的荷载物，如空气就是声波的荷载物。

笛卡儿

由于光可以在真空中传播，因此惠更斯提出，荷载光波的媒介物质（以太）应该充满包括真空在内的全部空间，并能渗透到通常的物质之中。除了作为光波的荷载物以外，惠更斯也用以太来说明引力的现象。

延伸阅读

麦克斯韦在其他领域的成就

麦克斯韦于1873年出版了科学名著《电磁理论》。系统、全面、完美地阐述了电磁场理论。这一理论成为经典物理学的重要支柱之一。在热力学与统计物理学方面麦克斯韦也作出了重要贡献，他是气体运动理论的创始人之一。

1859年，麦克斯韦首次用统计规律得出麦克斯韦速度分布律，从而找到了由微观量求统计平均值的更确切的途径。1866年他给出了分子按速度的分布函数的新推导方法，这种方法是以分析正向和反向碰撞为基础的。

麦克斯韦首次引入了驰豫时间的概念，发展了一般形式的输运理论，并把它应用于扩散、热传导和气体内摩擦过程。1867年，引入了"统计力学"这个术语。

麦克斯韦是运用数学工具分析物理问题和精确地表述科学思想的大师。他非常重视实验，由他负责建立起来的卡文迪许实验室，在他和以后几位主任的领导下，发展成为举世闻名的学术中心之一。

早在1787年，拉普拉斯进行过把土星光环作为固体研究的计算。当时他曾确定，土星光环作为一个均匀的刚性环，它不会瓦解的原因要满足两个条件，一是它以一种使离心力与土星引力相平衡的速度运转，二是光环的密度与土星的密度之比超过临界值0.8，从而使环的内层与外层之间的引力超过在不同半径处离心力与万

土星光环

有引力之差。

他之所以有如此推论，是因为，一个均匀环的运动在动力学上是不稳定的，任何轻微的破坏平衡的位移都会导致环的运动被破坏，使光环落向土星。拉普拉斯推测，土星光环是一个质量分布不规则的固体环。

到了1855年，理论仍然停留在此，而这中间，人们又观测到了土星的一个新的暗环，和现在环中更进一步的分离现象，还有光环系统自从被发现以来200年间整体尺度的缓慢变化。因此，一些科学家们提出了一个假说，来解释土星光环在动力学上的稳定性，这个假说是：土星光环是由固体流体和大量并非相互密集的物质构成的。

麦克斯韦就根据这一假说进行了论述。他首先着手的是拉普拉斯留下的固体环理论，并确定了一个任意形状环的稳定性条件。

麦克斯韦依据环在土星中心造成的"势"，列出了运动方程式，获得了对匀速运动的势的一阶导数的两个限制，然后由泰勒展开式又得到关于稳定运动二阶导数的3个条件。麦克斯韦又把这些结果换成关于质量分布的傅立叶级数的前3个系数的条件。因而他证明了，除非有一种奇妙的特殊情形，几乎每个可以想象的环都是不稳定的。这种特殊的情形是指一个均匀环在一点上承载的质量介于剩余质量的4.43倍到4.67倍之间。但是这种特殊情况的固体环在不均匀的应力下会瓦解掉，所以固体环的理论假说是不能成立的。

电磁波的实验验证

1878年10月的一天，柏林大学冷冷清清的教学大楼突然热闹起来，底层的一间宽敞的阶梯教室里坐满了学生，连走廊里都站了人，大家都静心聆听着当代物理大师赫尔姆霍兹教授侃说电学史："由于牛顿力学的影响，人们总企图用力学的观点来解释电磁现象，企图仿照力学的理论体系来建立电磁理论。唉，这可是一条'无原的荒路'啊！"

这句话如石破天惊，引起了一阵骚动。大师接着就详尽地讲解了麦克斯韦的理论，最后满怀希望地说："他的理论高深，多数人听不懂，对'位移电流'表示怀疑，我希望在座的诸位能澄清目前种种混乱的解释，求得一个统一的理论。"

此时听众席上有位青年，原来是附近工程技术学院的学生，因慕名而来坐在前排，听完了大师高瞻远瞩的一席演说，只感到自己如大梦初醒一般，立即返回学校卷起铺盖，投师到赫尔姆霍茨门下，这位学生名叫亨·路·赫兹。

赫兹1857年2月22日生于德国的汉堡市。他父亲是一位律师和政府议员，对人文科学很有造诣，他因此学会了多种语言，还学习过美术。在他中学毕业的时候，父亲把他叫到跟前，问道："孩子，该考虑考虑自己一生选择的道路了，你将来想干什么呢？"

赫 兹

"当工程师。"赫兹响亮地回答。父亲深知他有一双巧手，便赞许地点点头，原来赫兹有一位祖叔，特别喜欢实验科学，在他的影响下，赫兹从小就养成了动手的好习惯。上学后，家里还让他拜师学木工，学车工。锯、刨、斧、凿他样样都拿得起。后来他当上了教授，教过他的师傅还惋惜地说："唉，真可惜，他本是一个难得的车工啊！"

自从赫兹拜了赫尔姆霍茨为师，经过大师的点拨，学识上突飞猛进。以前他学的是工程，特长是动手。现在他贪婪地阅读拉普拉斯和拉格朗日的著作，完全陶醉在严密的逻辑推理之中。一年后赫尔姆霍茨出一道竞赛题，要求用实验来证明，沿导线运动的电荷是否具有惯性。赫兹独占鳌头，荣获金奖。1880年赫兹获得博士学位后就留在老师的身边当了助手，负责物理实验室的工作。

1885年，赫兹的物理实验室有一种称为黎斯螺线管的感应线管，它的初级和次级两个线圈彼次绝缘。他发现给初级线圈输入一个脉冲电流时，次级线圈的火花隙中常有电火花跳过。他敏锐地感到次级线圈火花隙上的电火花，是因为初级线圈电磁振荡，次级线圈受到感应的结果。

于是，赫兹调整了初、次线圈的位置，发现次级线圈在某些位置上电火花特别强，而在有些位置上，电火花根本没有。这一发现使赫兹极为兴奋，他立即想到了麦克斯韦的电磁理论，一定是初级线圈激发的电磁场，越过了空间被次级线圈接收到了。也就是空中有电磁波在传播。

1886年底至1887年初，赫兹对电火花现象做了进一步的研究。他把高压的电感应线圈初级与电源连接，调节感应线圈次级的两个极的位置，使两极之间发生电火花。根据麦克斯韦的理论，感应线圈上每一次电火花跳跃都会产生电磁波辐射。

那么如何来捕捉这个电磁波呢？赫兹的办法十分简单。将一根粗铜丝弯成环状，并在环的两端各焊一个铜球。仔细地调节圆环的位置和方向，可以发现圆环在某些位置上两个铜球之间的空隙上闪烁起美丽的火花。

这个实验成功地证明，感应线圈上发出的电磁能量，确实被辐射出来，跨越空间传到了接收器，并且被接收下来了。赫兹还用这套简单的仪器测定了电磁波的波长，通过计算发现电磁波传播的速度恰好等于光速。

1888年赫兹公布了他的实验结果，全世界的科技人士都为之轰动。谁也没有料到用这样简单的仪器就验证了麦克斯韦的高深理论预言的电磁波的存在。赫兹被人们称颂为"电磁波的报春人"。

赫尔姆霍茨对自己的得意门生也大为赞赏。说："光——这种如此重要和神秘的自然力——与另一种同样神秘或许更多地应用的力——电——有着最近的亲缘关系，令人信服地证实这种现象无疑是一项重大的成就。"并有意识地把他看作自己事业的接班人。

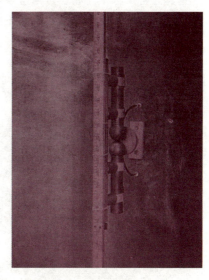

赫兹的电磁波实验装置

知识点

电磁振荡

电磁振荡是指在电路中，电荷和电流以及与之相联系的电场和磁场周期性地变化，同时相应的电场能和磁场能在储能元件中不断转换的现象。

例如，在由纯电容和纯电感组成的电路中，电流的大小和方向周期性地变化，电容器极板上的电荷也周期性地变化，相应的电容内储存的电场能和电感内储存的磁场能不断相互转换。由于开始时储存的电场能或磁场能既无损耗又无电源补充能量，电流和电荷的振幅都不会衰减。这种往复的电磁振荡称为自由振荡，相应的振荡频率称为电路的固有频率。

如果电路中除电容、电感外还有电阻，即有能量损耗，但无电源，则电流和电荷的振幅逐渐衰减为零，开始时储存的电磁场能通过电阻上散发的焦耳热不断损耗殆尽。这种电磁振荡称为阻尼振荡。

如果在由电容、电感和电阻组成的电路中还有交流电源，电源的电动势随时间按正弦或余弦函数变化，则由于电源不断提供能量，补偿在电阻上的能量损耗，稳定后电路中电流、电荷的振幅将保持恒定。这种电磁振荡称为受迫振荡，受迫振荡的频率等于交流电源的频率。

电磁振荡的上述特征在一些电磁测量仪表（如灵敏电流计，冲击电流计）中有重要应用。

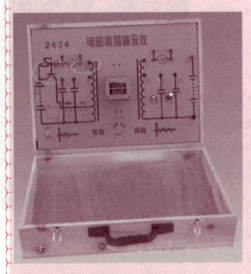

电磁振荡演示仪

赫兹留下的遗憾

1888年，赫兹用这样简单的仪器就验证了麦克斯韦的高深理论预言的电磁波的存在。在公布了实验结果后，全世界的科技人士都为之轰动。赫兹也被人们称颂为"电磁波的报春人"。但是天公不愿成人之美，年纪轻轻的赫兹在1883年开始患上了一种齿龈脓肿的病。起初他还以为不碍事，但这种病十分顽固，多次手术也只能缓解痛苦，病痛的折磨使他情绪沮丧。

1893年12月4日他预感到自己可能会早逝，便秉烛疾书，一边流泪一边给双亲写了一封长信："假如我真发生了什么事情的话，你们不应当悲伤，但你们要感到几分自豪，想到我属于那些生命虽然短促但仍算有充分成就的优秀人物。我不想遭遇，也没有选择这样的命运，但是既然这种命运降临到我的头上我也应感到满意。"

赫兹的预感不幸应验。1894年1月他在一次手术事故中猝然谢世，年仅37岁。

赫兹过早地去世给科学事业带来了巨大的损失。当赫兹发现了电磁波的存在时，他的一位好朋友吉布尔工程师曾写信给他，说自己打算用电磁波来进行无线电通讯，请赫兹在理论上出点主意。但赫兹未及深思熟虑就否定了这个富有创造性的设想。他在回信中说："如果要利用电磁波来进行无线电通讯，空中需有一面像欧洲大陆面积差不多大的反射镜才行。"如果他能活到1924年，知道了大气中存在电离层，当然就不会作出如此草率的回答。

后来赫兹发现了电磁波在金属物体面上会反射，在通过硬沥青的三角棱镜时会折射的时候，也未来得及进一步研究这种原理的技术应用而失去了发明雷达的机会。

1889年赫兹在致力于研究电在稀薄气体中的发射时，又一次错过了发现X射线的机会。7年后伦琴发现X射线时所用的放电管，还是赫兹的助手莱纳德提供给伦琴的呢！

所以如果赫兹能多活10年、20年、30年，这几段科学史会不会需要改写呢？

探索磁单极子与永磁体

一条磁铁总是同时拥有南极和北极，即便你将它摔成两半，新形成的两块磁铁又会立刻分别出现南极和北极。这种现象一直持续到亚原子水平。看上去，南极和北极似乎永远不分家。是这样吗？很多物理学家对这一点相当怀疑。

英国物理学家狄拉克是首先预言存在磁单极子的物理学家。他在创立著名的狄拉克方程后，于1930年首先预言了正电子的存在。两年之后正电子

条形磁铁

就被C·D·安德森在实验中发现。基于他的方程，狄拉克还预言了另外两种基本粒子——只有南极或只有北极的磁单极子。

这是两种虚无缥缈的粒子，因为它们完全来自于纸上计算，而正电子在被预言之前至少人们已经知道了电子的存在。但是，既然电荷能够被分为独立的正负，那么，磁似乎也应该能被独立出南极和北极。对于物理学家来说，这才是"对称"的。

后来，在20世纪80年代，物理学家在试图将弱电相互作用和强电相互作用统一在一起，以便最终能完成所谓"大统一理论"时，某些理论也预言了磁单极子的存在。

物理学家们在研究磁单极子的过程中发生过许多出人意料的故事。

20世纪70年代，美国物理学家阿兰·古斯在康奈尔大学做博士后期间，与合作者研究宇宙早期磁单极子的产生。这个研究没有让他在磁单极子方面做出突破，却让他对宇宙学做出了一个重要贡献。

1979年12月7日，已经到了斯坦福线性加速器中心工作的古斯在他的草稿纸上写下了"惊人的领悟"。前一天晚上的计算让他相信，从当时的粒子物理和宇宙学假设推导出去，早期宇宙中会产生过量的磁单极子。解决这个矛盾的办法是，宇宙早期经历了"暴涨"阶段。古斯成为暴涨理论的创始人。

同样是在20世纪70年代，美国斯坦福大学的物理学家布拉斯·卡布雷拉用电线建造了一个仪器，来探测宇宙射线中的磁单极子。假如有磁单极子从仪器中通过，仪器就会得到一个8磁子（磁子是一个常数）的信号。他确实得到了一些信号，但都是一两磁子而已，从来没有超过3磁子。

1982年的情人节，卡布雷拉没有到实验室工作。而当他再次回到办公室的时候，惊讶地发现仪器恰恰在情人节这天记录到了一个8磁子的信号。此后，卡布雷拉建造了更为大型的探测器，想要寻找更多这样的信号，却再也没有找到。

著名物理学家史蒂芬·温伯格在1983年的情人节还专门写了一首诗送给卡布雷拉："玫瑰是红色的，紫罗兰是蓝色的，是时候找到单极子了，第二个!"

可是直到今天,并没有人再次找到过磁单极子。卡布雷拉当年的发现也因此令人生疑。物理学家们尝试过在月面物质样本中寻找,也尝试过在粒子加速器的碰撞实验中寻找,但都一无所获。

2009年9月4日出版的《科学》杂志上,德国赫尔姆霍茨联合会研究中心的研究人员报告他们在一种特殊的晶体中观察到了"磁单极子"的存在。并介绍了这些磁单极子在一种实际材料中出现的过程。它标志着人们首次在三维角度观察到了磁单极子的分离。

但他们的"磁单极子"与狄拉克预言的磁单极子仍有天壤之别。科学家什么时候能找到真正的磁单极子,乃至真正的磁单极子是否存在,仍然都是问号。

除了磁单极子,永久磁体也是人们研究的热门话题。

能够长期保持其磁性的磁体称永久磁体。如天然的磁石(磁铁矿)和人造磁钢(铁镍钴磁钢)等。永磁体是硬磁体,不易失磁,也不易被磁化。而作为导磁体和电磁铁的材料大都是软磁体。永磁体极性不会变化,而软磁体极性是随所加磁场极性而变的。

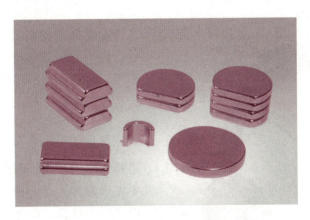

人造磁钢

永磁体有天然磁体、人造磁体两种。天然磁体是直接从自然界得到的磁性矿石。人造磁体通常是用钢或某些合金,通过磁化、充磁制成的。永磁体是能够长期保持磁性的磁体。永磁体可以制成各种形状,常见的有条形磁铁、针形磁铁和马蹄形磁铁。

就像你平时见到的那种带有磁性钢棒,永磁体是在外加磁场去掉后,仍能保留一定剩余磁化强度的物体。要使这样的物体剩余磁化强度为零,磁性完全消除,必须加反向磁场。使铁磁质完全退磁所需要的反向磁场的大小,叫铁磁质的矫顽力。钢与铁都是铁磁质,但它们的矫顽力不同,钢具有较大的矫顽力,而铁的矫顽力较小。

这是因为在炼钢过程中,在铁中加了碳、钨、铬等元素,炼成了碳钢、钨钢、铬钢等。碳、钨、铬等元素的加入,使钢在常温条件下,内部存在各种不均匀性,如晶体结构的不均匀、内应力的不均匀、磁性强弱的不均匀等。这些物理性质的不均匀,都使钢的矫顽力增加。而且在一定范围内不均匀程度愈大,矫顽力愈大。但这些不均匀性并不是钢在任何情形下都具有的或已达到的最好状态。为使钢的内部不均匀性达到最佳状态,必须要进行恰当的热处理或机械加工。

例如,碳钢在熔炼状态下,磁性和普通铁差不多;它从高温淬炼后,不均匀才迅速增长,才能成为永磁材料。若把钢从高温度慢慢冷却下来,或把已淬炼的钢在六七百摄氏度熔炼一下,其内部原子有充分时间排列成一种稳定的结构,各种不均匀性减小,于是矫顽力就随之减小,它就不再成为永磁材料了。

钢或其他材料能成为永磁体,就是因为它们经过恰当的处理、加工后,内部存在的不均匀性处于最佳状态,矫顽力最大。铁的晶体结构、内应力等不均匀性很小,矫顽力自然很小,使它磁化或去磁都不需要很强的磁场,因此,它就不能变成永磁体。通常把磁化和去磁都很容易的材料,称为"软"磁性材料。"软"磁性材料不能作永磁体,铁就属于这种材料。

永磁铁用处很多,如在各种电表、扬声器、耳机、录音机、永磁发电机等设备中都需要。

耳 机

值得注意的是，永磁体并不是"永远保持磁性"的意思。永磁体的磁性是由内部极其微小的磁畴总体排列有序带来的。只要破坏这个有序性，磁性就会部分或者全部消失。比如摔打或者高温都可以使永磁体的磁性消失。

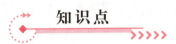

暴涨理论

麻省理工学院（MIT）的科学家阿伦·古斯提出，早期宇宙可能存在过一个非常快速膨胀的时期。这种膨胀叫做"暴涨"，意指宇宙在一段时间里，不像现在这样以减少的、而是以增加的速率膨胀。按照古斯理论，在远远小于 1 秒的时间里，宇宙的半径增大了 100 万亿亿亿（1 后面跟 30 个 0）倍。

钢与铁的区别

习惯上常说的钢铁是对钢和铁的总称。钢和铁是有区别的，所谓钢铁，主要由两个元素构成，即铁和碳，一般碳和元素铁形成化合物，叫铁碳合金。含碳量多少对钢铁的性质影响极大，含碳量增加到一定程度后就会引起质的变化。

由铁原子构成的物质叫纯铁，纯铁杂质很少。含碳量多少是区别钢铁的主要标准。

钢铁中均含有少量合金元素和杂质的铁碳合金，按含碳量不同可分为：

生铁——含碳为 2.0%～4.5%

钢 ——含碳为 0.05%～2.0%

熟铁——含碳小于 0.05%

生铁含碳量高，硬而脆，几乎没有塑性。

钢不仅有良好塑性，而且钢制品具有强度高、韧性好、耐高温、耐腐蚀、易加工、抗冲击、易提炼等优良物化应用性能，因此被广泛利用。

人类对钢的应用和研究历史相当悠久，但是直到19世纪贝氏炼钢法发明之前，钢的制取都是一项高成本低效率的工作。如今，钢以其低廉的价格、可靠的性能成为世界上使用最多的材料之一，是建筑业、制造业和人们日常生活中不可或缺的成分。可以说钢是现代社会的物质基础。

神通广大的磁
SHENTONG GUANGDA DE CI

磁无处不在，人类很早就认识到了磁现象，并开始加以利用，比如司南、磁石医疗等。不过，人类对磁的大规模利用还是在近代，在人们对磁现象的认识逐渐系统化之后，不计其数的电磁仪器，像电话、无线电、发电机、电动机等才涌现出来。

如今，磁技术已经渗透到了我们的日常生活和工农业技术的各个方面，我们已经越来越离不开磁的应用。磁在生产、生活、国防科学技术中随处可见。如制造电力技术中的各种电机、变压器，电子技术中的各种磁性元件和微波电子管，通信技术中的滤波器和增感器，国防技术中的磁性水雷、电磁炮，各种家用电器等。

此外，磁在地矿探测、海洋探测以及信息、能源、生物、空间新技术中也获得了广泛的应用。

电报与电话

1832年，俄国外交家希林在当时著名物理学家奥斯特电磁感应理论的启发下，制作出了用电流计指针偏转来接收信息的电报机。

1837年6月，英国青年库克获得了第一个电报发明专利权。他制作的电

摩尔斯

报机首先在铁路上获得应用。1845年1月1日，这种电报机在一次追捕逃犯的过程中发挥了重要作用，因而一时间声名大振。

在19世纪众多的电报发明家中，最有名的还是摩尔斯以及他的伙伴维尔。摩尔斯是当时美国很有名气的画家。他在1832年旅欧学习途中，开始对电磁学发生了兴趣，并由此而萌发出了把电磁学理论用于电报传输的念头。

1834年，摩尔斯发明了用电流的"通"和"断"来编制代表数字和字母的电码（即摩尔斯电码），同时在维尔的帮助下于1837制作成了摩尔斯电报机。

1843年，摩尔斯经竭力争取，终于获得了美国国会3万美元的资助。他用这笔款修建成了从华盛顿到巴尔的摩的电报线路，全长64.4千米。

1844年5月24日，在座无虚席的国会大厦里，摩尔斯用他那激动得有些颤抖的双手，操纵他倾10余年心血研制成功的电报机，向巴尔的摩发出了人类历史上的第一份电报："上帝创造了何等奇迹！"

电报的发明，拉开了电信时代的序幕，开创了人类利用电来传递信息的历史。从此，信息传递的速度大大加快了。"嘀嗒"一响（1秒钟），电报便可以载着人们所要传送的信息绕地球走上7圈半。这种速度是以往任何一种通信工具所望尘莫及的。

电报传送的是符号。发送一份电报，得先将报文译成电码，再用电报机发送出去；在收报一方，要经过相反的过程，即将收到的电码译成报文，然后，送到收报人的手里。这不仅手续麻烦，而且也不能进行即时的双向信息交流。因此，人们开始探索一种能直接传送人类声音的通信方式，这就是现在无人不晓的"电话"。

说到电话，还有一桩值得一提的趣闻。在国际电信联盟出版的《电话一百年》一书中，曾提到了一件鲜为人知的事：早在公元968年，中国便发明了一种叫"竹信"的东西，它被认为是今天电话的雏形。这说明，古老的中国还为近代电话的诞生作过贡献呢！

而欧洲对于远距离传送声音的研究，却始于17世纪，比中国发明"竹信"要晚六七百年。在欧洲的研究者中，最为有名的便是英国著名的物理学家和化学家罗伯特·胡克。他首先提出了远距离传送话音的建议。

早期的电报机

1796年，休斯提出了用话筒接力传送语音信息的办法。虽然这种方法不太切合实际，但他赐给这种通信方式的一个名字——Telephone（电话），却一直延用至今。

在众多的电话发明家中，最有成就的要算是贝尔了。

亚历山大·格雷厄姆·贝尔，1847年生于英国的苏格兰。他的祖父和父亲毕生都从事聋哑人的教育工作。由于家庭的影响，贝尔从小便对声学和语言学产生浓厚的兴趣。开始，他的兴趣是在研究电报上。

有一次，贝尔在做电报实验时，偶然发现一块铁片在磁铁前振动而发出微弱的音响。这个声音通过导线传到了远处。这件事给了贝尔以很大的启发。他想，如果对着铁片讲话，让铁片振动，而在铁片后面放着绕有导线的磁铁，导线中的电流就会发生时大时小的变化；变化着的电流传到对方后，又驱动电磁铁前的铁片做同样的振动，不就可以把声音从一处传到另一处了吗？这就是当年贝尔制作电话机的最初构想。

贝尔发明电话机的设想得到了当时美国著名物理学家约瑟夫·亨利的鼓励。亨利对贝尔说："你有一个伟大发明的设想，干吧！"当贝尔说到自己缺乏电学知识时，亨利说："学吧！"就在这"干吧"、"学吧"的鼓舞下，贝尔开始了他发明电话的艰苦历程。

1876年3月10日，贝尔在做实验时不小心把硫酸溅到自己的腿上，他疼痛得叫了起来："沃森先生，快来帮我啊！"没有想到，这句话通过他实验中

贝 尔

的电话，传到了在另一个房间工作的沃森先生的耳朵里。

这句极普通的话，却不料成了人类第一句通过电话传送的话音而记入史册。1876年3月10日，也被人们作为发明电话的伟大日子而加以纪念。

现代电话为了使用户满意，还大搞"横向联合"。它与电视联合，诞生了"电视电话机"；它与传真联手，出现了"电话传真机"；它引入录音装置，生产出了"录音电话机"；它与磁结合，出现了磁卡电话。等等。

电话还正在向智能化的方向发展。一种不用拨号，只需报出对方电话号码或姓名，就能把电话接通的电话机已经问世；能够为使用不同语言的通话者担任"翻译"的翻译电话机也正在走向成熟。这一切都表明，电话变得越来越"聪明"，越来越善解人意了。

由于电话机在全世界的迅速普及，它已成为家庭和办公室的重要设施；为了适应不同环境、不同条件下的使用，电话机也呈现了多姿多彩的形态。除了各种大众化台式电话外，还有仿古电话、米老鼠电话、一体式电话、壁挂电话等。百年电话正不断以新的姿态、新的服务功能继续赢得人们的青睐。

电 话

知识点

电磁学

电磁学是物理学的一个分支。广义的电磁学可以说是包含电学和磁学，但狭义来说是一门探讨电性与磁性交互关系的学科。主要研究电磁波、电磁场以及有关电荷，带电物体的动力学等等。

电磁学是研究电和磁的相互作用现象，及其规律和应用的物理学分支学科。根据近代物理学的观点，磁的现象是由运动电荷所产生的，因而在电学的范围内必然不同程度地包含磁学的内容。所以，电磁学和电学的内容很难截然划分，而"电学"有时也就作为"电磁学"的简称。

摩尔斯电码

摩尔斯电码（又译为摩斯电码）是一种时通时断的信号代码，这种信号代码通过不同的排列顺序来表达不同的英文字母、数字和标点符号等。它由美国人艾尔菲德·维尔发明，当时他正在协助摩尔斯进行摩尔斯电报机的发明（1835年）。

摩尔斯电码是一种早期的数字化通信形式，但是它不同于现代只使用0和1两种状态的二进制代码，它的代码包括5种：

点（.）

划（-）

点和划之间的停顿

每个字符间短的停顿（在点和划之间）

每个词之间中等的停顿

以及句子之间长的停顿。

最早的摩尔斯电码是一些表示数字的点和划。数字对应单词，需要查找一本代码表才能知道每个词对应的数。用一个电键可以敲击出点、划以及中间的停顿。

虽然摩尔斯发明了电报，但他缺乏相关的专门技术。他与艾尔菲德·维尔签订了一份协议，让他帮自己制造更加实用的设备。艾尔菲德·维尔构思了一个方案，通过点、划和中间的停顿，可以让每个字符和标点符号彼此独立地发出去。他们达成一致，同意把这种标识不同符号的方案放到摩尔斯的专利中。这就是现在我们所熟知的美式摩尔斯电码，它被用来传送了世界上第一条电报。

这种代码可以用一种音调平稳时断时续的无线电信号来传送，通常被称作"连续波"，英文缩写为CW。它可以是电报电线里的电子脉冲，也可以是一种机械的或视觉的信号（比如闪光）。

一般来说，任何一种能把书面字符用可变长度的信号表示的编码方式都可以称为摩尔斯电码。但现在这一术语只用来特指两种表示英语字母和符号的摩尔斯电码：美式摩尔斯电码被使用在有线电报通信系统；今天还在使用的国际摩尔斯电码则只使用点和划（去掉了停顿）。

作为一种信息编码标准，摩尔斯电码拥有其他编码方案无法超越的长久生命。摩尔斯电码在海事通讯中被作为国际标准一直使用到1999年。1997年，当法国海军停止使用摩尔斯电码时，发送的最后一条消息是："所有人注意，这是我们在永远沉寂之前最后的一声呐喊！"

磁悬浮列车

在未来，汽车有可能渐渐成为不受宠爱的产品，因为它污染环境，容易堵塞交通。磁悬浮列车将成为大众高速交通的主要手段。

传统的轮轨系列车的支撑、导向以及牵引、制动等功能都是靠轮轨之间的相互作用：车轮支撑在钢轨上，列车在横向的导向是靠轮缘与钢轨内侧之间的作用，而火车启动加速和制动减速时的作用力是靠车轮与钢轨之间的摩擦力。

而磁悬浮铁路上的磁悬浮列车，顾名思义是利用列车与轨道之间的磁力（吸力或斥力）把车体支撑在轨道上方，车体与轨道并不接触。

神通广大的磁

利用磁铁的吸力和斥力的磁悬浮列车的区别，主要反映在轨道形式的不同。

利用吸力的磁悬浮列车，采用的是T形轨道；它利用由传统的车载电磁体与导轨上的铁磁轨道之间相互作用产生吸引磁力而形成悬浮力和推力，使车辆浮起，用感应线性电动机驱动。其优点是易于通过蓄电池或感应（异步）发电机向转子提供电流，应用技术较为简单。其缺点

磁悬浮列车

是悬浮力较小，只能浮起大约10毫米的高度，因而要求高精度控制系统，一般只适用于平原地区。

而利用斥力的磁悬浮列车，则使用U形轨道。它依靠车载超导磁体和导轨线圈产生的感应电流间的相斥力而产生悬浮。这种类型的优点是强大的超导磁体所产生的电磁力足以将车身悬浮至100毫米的高度，其缺点是超导技术很复杂，超导磁体产生的高磁场应予以屏蔽。

由于列车受轨道电磁力的作用，悬浮在空中一定高度运行，因而车体的摇晃和噪声能减轻到最低水平。目前在一些工业发达的国家，磁悬浮列车的速度可达400~600千米/小时。在相距较近的城市之间旅行，比乘飞机还快。

与传统轮轨系统列车相比较，磁悬浮列车没有轮轨之间的摩擦阻力，也没有轮轨间的滚动噪声和振动，也没有受电弓和接触网之间的摩擦声。磁悬浮列车高速度、低噪声、无污染、运行成本低。它的出现有可能使未来的交通发生彻底的革命。

但是磁悬浮列车沿线路要铺设大量线圈绕组，电磁悬浮列车对轨道精度要求非常高，线路建设成本也必然较高。它最大的问题是与现有的轮轨系统铁路不兼容，自成体系。与现有铁路系统之间的运输组织工作产生新的课题。

2000年，我国引进德国技术，在上海首次建成了采用常导技术的磁悬浮列车示范线。

我国第一条磁悬浮列车示范运营线——上海磁悬浮列车，2006年正式投入商业运营。建成后，从浦东龙阳路站到浦东国际机场，30多千米只需六七

分钟。

上海磁悬浮列车是"常导磁吸型"（简称"常导型"）磁悬浮列车。它利用"异性相吸"原理设计，是一种吸力悬浮系统，利用安装在列车两侧转向架上的悬浮电磁铁，和铺设在轨道上的磁铁，在磁场作用下产生的吸力使车辆浮起来。

列车底部及两侧转向架的顶部安装电磁铁，在"工"字轨的上方和上臂部分的下方分别设

上海磁悬浮列车

反作用板和感应钢板，控制电磁铁的电流使电磁铁和轨道间保持1厘米的间隙，让转向架和列车间的吸引力与列车重力相互平衡，利用磁铁吸引力将列车浮起1厘米左右，使列车悬浮在轨道上运行。这必须精确控制电磁铁的电流。

悬浮列车的驱动和同步直线电动机原理一模一样。通俗说，在位于轨道两侧的线圈里流动的交流电，能将线圈变成电磁体，由于它与列车上的电磁体的相互作用，使列车开动。

列车头部的电磁体N极被安装在靠前一点的轨道上的电磁体S极所吸引，同时又被安装在轨道上稍后一点的电磁体N极所排斥。列车前进时，线圈里流动的电流方向就反过来，即原来的S极变成N极，N极变成S极。循环交替，列车就向前奔驰。

悬浮列车稳定性由导向系统来控制。"常导型磁吸式"导向系统，是在列车侧面安装一组专门用于导向的电磁铁。列车发生左右偏移时，列车上的导向电磁铁与导向轨的侧面相互作用，产生排斥力，使车辆恢复正常位置。列车如运行在曲线或坡道上时，控制系统通过对导向磁铁中的电流进行控制，达到控制运行的目的。

"常导型"磁悬浮列车的构想由德国工程师赫尔曼·肯佩尔于1922年提出。

"常导型"磁悬浮列车及轨道和电动机的工作原理完全相同。只是把电动机的"转子"布置在列车上，将电动机的"定子"铺设在轨道上。通过"转子"、"定子"间的相互作用，将电能转化为前进的动能。我们知道，电动机

的"定子"通电时,通过电磁感应就可以推动"转子"转动。当向轨道这个"定子"输电时,通过电磁感应作用,列车就像电动机的"转子"一样被推动着做直线运动。

上海磁悬浮列车时速430千米,一个供电区内只能允许一辆列车运行,轨道两侧25米处有隔离网,上下两侧也有防护设备。转弯处半径达8 000米,肉眼观察几乎是一条直线;最小的半径也达1 300米。乘客不会有不适感。轨道全线两边50米范围内装有目前国际上最先进的隔离装置。

磁悬浮列车有许多优点:列车在铁轨上方悬浮运行,铁轨与车辆不接触,不但运行速度快,能超过500千米/时,而且运行平稳、舒适,易于实现自动控制;无噪声,不排出有害的废气,有利于环境保护;可节省建设经费;运营、维护和耗能费用低。它是21世纪理想的超级特别快车,世界各国都十分重视发展这一新型交通工具。

磁悬浮列车的缺点也不容忽视。2006年,德国磁悬浮控制列车在试运行途中与一辆维修车相撞,报道称车上共29人,当场死亡23人,实际死亡25人,4人重伤。这说明磁悬浮列车突然情况下的制动能力不可靠,不如轮轨列车。在陆地上的交通工具没有轮子是很危险的。因为列车要从动量很大降到静止,要克服很大的惯性,只有通过轮子与轨道的制动力来克服。

高速行驶的磁悬浮列车

磁悬浮列车没有轮子,如果突然停电,靠滑动摩擦是很危险的。此外,磁悬浮列车又是高架的,发生事故时在5米高处救援很困难。没有轮子,拖出事故现场困难;若区间停电,其他车辆、吊机也很难靠近。

知识点

惯　性

一切物体在没有受到外力作用的时候，总保持匀速直线运动状态或者静止状态，这称之为惯性。

惯性是一切物体固有的属性，是不依外界（作用力）条件而改变，它始终伴随物体而存在。惯性只有大小，没有方向和作用点，而大小也没有具体数值，无单位。

延伸阅读

德国磁悬浮技术发展历程

1922年，德国人赫尔曼·肯佩尔提出了电磁浮原理，并在1934年获得世界上第一项有关磁浮技术的专利。

德国磁悬浮列车研究基地

神通广大的磁

　　德国真正开展磁浮交通的研究却是始于1968年。之前之所以没有系统的研究是因为那段时期的技术以及工艺条件都比较低级，所以在很大程度上限制了磁浮技术的发展。

　　从1968年开始，德国因环境和能源问题迫切要求开发新的高速交通体系。

　　1969年，德国联邦交通部、联邦铁路公司和德国工业界参与了"高运力快速铁路的研究"，其中，就涉及到了磁浮高速铁路。在此基础上，在联邦政府的资助下，工业界开始了磁浮铁路的开发工作。

　　1971年，德国第一辆磁浮原理车在一段660米长的试验线路上进行试验运行，原理车采用车辆侧的短定子直线电机驱动。

　　1975年，实现了线路侧长定子直线同步电机驱动的磁浮车运行。

　　1976年，进行了载人长定子试验车的运行。

　　1977年，德国联邦技术研究与技术部（BMFT）经过系统的分析认为，超导磁浮铁路所需的技术水平太高，短期内难以取得较大进展，遂决定集中力量发展长定子直线同步电机驱动的常导交通系统。

　　1978年，德国政府决定在埃姆斯兰德修建一条磁浮试验线。

　　1979年，汉堡国际交通博览会，展出了一段900米长的磁浮铁路示范线。人们真正意义上的接触、关注磁浮列车也是在这个时候开始的。

　　1980年，埃姆斯兰德的磁浮试验线正式开工。1982年开始进行不载人试验，并于1983年6月30日投入试验运行。同年年底达到每小时300千米。为了提高试验速度，1984年决定扩建南环线。南环线1987年建成。

　　1991年12月以前，在德国联邦铁路中心局的领导下，用了近两年时间由联邦路局和重要高校研究所的专家组成的一个工作组对磁浮高速铁路系统进行了全面的检验和评估，专家组得出该系统在"技术应用上已完全成熟"的结论。

　　1996年5月9日到6月14日，联邦议院和联邦参议院制定出了"磁浮需求法规"。

磁与现代生活

　　我们日常生活中用到的电风扇、吸尘器、电铃、吹风机、抽水机、洗衣机等许多家用电器都是与电磁理论有着不可分割的联系。没有磁，我们的生活也就不会如此丰富多彩。

收音机用到多种磁性材料和磁性器件。例如，收音机中都要使用电声喇叭把电信号变成声音，而一般最常用的电声喇叭便是永磁式电声喇叭。收音机所收到的电台发射机已将声音转换成的电信号，在受到电声喇叭中永久磁铁的磁场作用而使电线圈振动发声。这样便将电台发射的已转换为电信号的声音复原了。

电声喇叭中的永久磁铁的磁场在这种电—声转换中起了重要的作用。喇叭则将电线圈的振动发声放大。另外在收音机中转换高频率的电信号和低频率的电信号也都需要使用多种高频变压器和低频变压器，这些变压器也需要使用多种磁性材料。

为了提高收音机的灵敏度和接收距离，需要使用天线。如果利用磁性材料制成磁天线，不但可以显著减小天线的尺寸，而且还可以显著提高收音机的灵敏度。这种磁天线的性能既同天线的设计有关，又同磁性材料的磁特性有关。

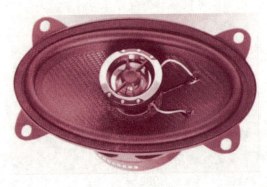

电声喇叭

收音机工作时需要使用电源。有使用电池作电源的，也有使用交流电源的。在使用交流电源时，又需要使用变压器来改变电压。变压器也需要采用磁性材料。

这样可以看出，我们使用的收音机虽然体积很小，但是却离不开磁性材料和用多种磁性材料制成的多种磁性器件。

电视机是我们生活中经常应用的另一种电器。磁在电视机中的应用也是相当多的。

同收音机相比较，电视机不但能听到声音，而且能看到活动的图像。在彩色电视机中还能看到色彩鲜艳逼真的彩色活动图像。因此电视机要应用比收音机更多数量、更多种类和更多功能的磁性材料和磁性器件。具体说来，电视机除了也使用收音机所使用的多种磁变压器和永磁电声喇叭外，还要使用磁聚焦器、磁扫描器和磁偏转器。

电视机的结构和工作原理是很复杂的。这里只简单地介绍磁在电视机中的作用。关于电视机中的声音部分基本上同收音机相似，这里就不再介绍，而只说明同活动图像相关的磁的应用。

电视机中的活动图像的放映是在显像电子管中进行的。电视台将活动图像转换成电信号后通过无线或有线传送到电视接收机（简称电视机）中，经过一定的电信号变换和处理后再传送到显像管中。在显像管中，反映活动图像的电子束经过磁聚焦器、磁扫描和磁偏转器的磁场聚集、扫描和偏转作用后投射到显像管的荧光屏上转换为光的活动图像。

彩色电视机由红、绿、蓝3个基色信号组成彩色活动图像，因此显像管中含有3组电子束及它们的磁聚焦、磁扫描和磁偏转器件。再将3种基色活动图像合成彩色图像。因此，彩色电视的设备和成像过程等都更为复杂。但却都是采用一定的磁场来控制电子束的运动而完成成像的。

彩电生产流水线

微波炉和电磁炉都是当今厨房常见的加热器具，以其加热速度快、清洁、无污染深受用户喜爱。但两者在工作原理上有着很大不同。

顾名思义，微波炉就是用微波来煮饭烧菜的。微波是一种电磁波。这种电磁波的能量不仅比通常的无线电波大得多，而且还很有个性，微波一碰到金属就发生反射，金属根本没有办法吸收或传导它；微波可以穿过玻璃、陶瓷、塑料等绝缘材料，但不会消耗能量；而含有水分的食物，微波不但不能透过，其能量反而会被吸收。

微波炉正是利用微波的这些特性制作的。微波炉的外壳用不锈钢等金属材料制成，可以阻挡微波从炉内逃出，以免影响人们的身体健康。装食物的容器则用绝缘材料制成。微波炉的心脏是磁控管。这个叫磁控管的电子管是个微波发生器，它能产生每秒钟振动频率为24.5亿次的微波。这种肉眼看不见的微波，能穿透食物达5厘米深，并使食物中的水分子也随之运动，剧烈的运动产生了大量的热能，于是食物煮熟了。

这就是微波炉加热的原理。用普通炉灶煮食物时，热量总是从食物外部逐渐进入食物内部的。而用微波炉烹饪，热量则是直接深入食物内部，所以烹饪

微波炉

速度比其他炉灶快 4~10 倍，热效率高达 80% 以上。目前，其他各种炉灶的热效率无法与它相比。

电磁炉（又名电磁灶）是现代厨房革命的产物，是无需明火或传导式加热的无火煮食厨具，完全区别于传统所有的有火或无火传导加热厨具。

电磁炉作为现代家庭厨房电气化的新型灶具进入普通家庭。

那么，电磁炉是怎样给食物加热的？

电磁炉一般由线圈、灶台板、金属锅组成。在台板下面布满了线圈，当接通照明电路的交流电时，线圈产生交流磁场，这时穿过金属锅的磁通量会发生变化，从而锅体产生感应电流——涡流。

金属锅体中的涡流很强，感应电流在金属中产生明显的热效应，使锅体温度快速升高。锅体由于温度升高，分子热运动加剧，分子相互碰撞更为频繁，形成了分子间摩擦生热。这两种热直接发生在锅体金属内部，使得它的升温更为迅速。

由于电磁炉是应用电磁感应以及电流热效应进行加热工作的，所以要把锅体大的铁锅或搪瓷锅放在台板上，锅内放入水或食物才会受热而升温，而不可以直接使用诸如玻璃、陶瓷、沙锅类的容器加热食物，因为这些材料不会发生电磁感应现象，即无感应电流产生，不能加热。

电磁炉作为厨具市场的一种新型灶具，具有升温快、热效率高、无明火、无烟尘、无有害气

电磁炉

体、对周围环境不产生热辐射、体积小巧、安全性好、节时省电和外观美观等优点,能完成家庭的绝大多数烹饪任务。因此,在电磁炉较普及的一些国家里,人们誉之为"烹饪之神"和"绿色炉具"。

汽车是现代社会的一种重要交通工具。但你是否知道,新型汽车中到处都能找到各种磁的痕迹。

一般汽车中使用的电话、收音机和电视机中都要应用到多种的磁性材料和磁性器件。在一些新型汽车中磁的应用就更多。例如一种新型家用小汽车便使用了32台小型永磁电动机,它们分别应用于时钟步进电机、录音机走带机械、电子计价器步进电机、电控反光机、车高调整泵、自动车速调节泵、起动电机、可伸缩车前灯、车前灯冲洗器、水箱冷却风扇、电容器冷却风扇、活门控制、颈部防损控制、车前灯擦净器、前窗冲洗器、前部擦净器、后窗冲洗器、后部擦净器、电动车窗、油泵、汽车门锁、可调减震器、空气净化器、后部空调器、汽车天线、遮阳车顶、大腿支撑泵、侧面支撑泵、气动腰部支撑泵、座椅斜倚器、座椅升降器、座椅移动器、真空泵、空气调节器、室温传感器、暖风机等。

除上述的几种生活电器和工具需要使用多种的磁性材料和磁性器件外,还有许多家用电器也要应用到磁。例如,电冰箱中的磁门封条和电动机,洗衣机、空调器、除尘器和电唱机中用的电动机,电门铃中用的电磁继电器,电子钟表中用的小型微型电动机等。可以看出,现代生活处处离不开磁。

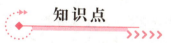
知识点

磁性门封条

磁性门封条是以改性无毒的软质聚氯乙烯和永磁性胶条组合而成的耐高温、耐腐蚀的密封塑胶条。它被广泛应用于冰箱、饮水机、消毒柜、毛巾柜等家电产品的门体及抽屉门与箱体的密封。

但是,冰箱、饮水机上的门封条和消毒柜、毛巾柜上的门封条是有区别的,冰箱、饮水机上的门封条是要能耐低温,而消毒柜上的门封条却必须能够耐一定高温的。

电冰箱、冷柜、消毒柜用磁性门封条，主要包括基板、磁条囊、气囊和磁条。它在安装及使用时，不会出现弯曲变形和抽边，可有效阻止跑冷和跑热的现象，既节约电能，又可延长门封的使用寿命。

延伸阅读

微波炉是如何被发明的？

微波炉最早的名称是"爆米花和热团加热器"，它的发明纯属偶然，源自一个武器研发项目。微波炉的发明者是美国自学成才的工程师珀西·勒巴朗·斯宾塞，二战爆发后，他在一家公司从事雷达技术开发。这项技术在当时听起来颇具科幻色彩，其实只是一种具有探测功能的磁电管，可以发射高强度辐射光束。

斯宾塞喜欢吃甜食。一天，他在实验室做实验时，一块巧克力棒粘在了短裤上。斯宾塞注意到，当他运行磁控管时，裤子上的巧克力棒融化了。一般人可能认为，是他身上的体温将巧克力融化的，斯宾塞没有按照这种逻辑思维去判断这件事，相反，思维敏捷的他给出了一个更为科学的解释：肉眼看不见的辐射光线"将其煮熟了"。

任何一个理智的人此时都会停下来，因为这些神奇的辐射光线离斯宾塞很近。但是，同科学史上每一位发明家一样，斯宾塞对他的发现充满了好奇，将其作为一种新奇事物看待。他利用这种装置让鸡蛋爆裂，还去烤爆米花。

斯宾塞继续实验磁电管，最后，他用箱子将其包装起来，作为一种烹饪美食的新工具推向市场。

最早上市的微波炉大约有6英尺（约合1.8米）高，重达750磅（约合340千克），做功时必须用冷水冷却。

在之后的岁月里，技术人员不断缩小微波炉的尺寸，今天，微波炉已成为我们日常生活中的一部分。

磁与信息存储

铁棒和钢棒本来不能吸引钢铁，当磁铁靠近它或与它接触时，它便有了吸引钢铁的性质，也就是被磁化了。软铁磁化后，磁性很容易消失，称为软磁性材料。而钢铁等物质在磁化后，磁性能够保持，称为硬磁性材料。硬磁性材料可做成永磁体，还可以用来记录信息。

录音机的磁带上就附有一层硬磁性材料制成的小颗粒。磁带是一种用于记录声音、图像、数字或其他信号的载有磁层的带状材料，是产量最大和用途最广的一种磁记录材料。通常是在塑料薄膜带基（支持体）上涂覆一层颗粒状磁性材料或蒸发沉积上一层磁性氧化物或合金薄膜而成。最早曾使用纸和赛璐珞等作带基，现在主要用强度高、稳定性好和不易变形的聚酯薄膜。

磁　带

录音机的诞生已经100多年了，但是，录音机的真正流行还是在发明磁带以后。1935年德国科学家福劳耶玛发明了磁带，在醋酸盐带基涂上氧化铁，正式替代了钢丝。1962年荷兰飞利浦公司发明盒式磁带录音机。

录音机在使用时，话筒把声音变成音频电流，放大后送到录音磁头。录音磁头实际上是个蹄形电磁铁，两极相距很近，中间只留个狭缝。整个磁头封在金属壳内。录音磁带的带基上涂着一层磁粉，实际上就是许多铁磁性小颗粒。磁带紧贴着录音磁头走过，音频电流使得录音头缝隙处磁场的强弱、方向不断变化，磁带上的磁粉也就被磁化成一个个磁极方向和磁性强弱各不相同的

"小磁铁",声音信号就这样记录在磁带上了。

放音头的结构和录音头相似。当磁带从放音头的狭缝前走过时,磁带上"小磁铁"产生的磁场穿过放音头的线圈。由于"小磁铁"的极性和磁性强弱各不相同,它在线圈内产生的磁通量也在不断变化,于是在线圈中产生感应电流,放大后就可以在扬声器中发出声音。普通录音机的录音和放音往往合用一个磁头。

磁带可以是四氧化三铁带(纯黑色)、二氧化铬带(枣红色)或者铁铬混合带、稀土带、铁氧体带等等类型。用聚酯黏合剂均匀涂布在高密度聚乙烯膜(带基)上,电影带和相机胶卷用的是三醋酸纤维素片基。

录音磁头和放音磁头在录音机里根本就是一个,只是按下去的按钮不同,电路发生了改变,分别承担录放音功能。

录音时磁带先经过消音磁头(播放时它是横向蜷缩在上面的卡槽里,看不见),它可以是永久磁铁(低级录音机)、电磁铁或者高频振荡电路(高级录音机)。其中前两者都是通过磁带的磁粉的"饱和"来抹去以前的节目;而高频振荡电路才能创造出"零磁",两种原理均能使磁带删除节目。

录音机

以播放为例,磁头中本来就有直流电通过。按下播放键,则机械传动装置和压带轴使磁带匀速通过磁头,磁带上的微粒影响了磁头的电场,获得忽强忽弱的电流。在三极管组成的桥式整流和滤波电路上得以放大;此后,还要经过后置放大器把电流传到音箱功放。

磁录像机是同磁录音机相似的家用电器。它们之间的主要差异是:磁录音机为声—电—磁之间的转换,而磁录像机为光—电—磁之间的转换,正像收音机与电视机之间的差异。

录音带可以把声音录下来,计算机的硬盘可以把数据记录下来,磁盘也是利用磁头的电磁铁改变磁性物质的性质而达到记录数据的效果的。

体积越来越小,容量越来越大——在如今这个信息时代,存储信息的硬盘自然而然被人们寄予了这样的期待。得益于"巨磁电阻"效应这一重大发现,最近20多年来,我们开始能够在笔记本电脑、音乐播放器等所安装的越来越小的硬盘中存储海量信息。

通常说的硬盘也被称为磁盘，这是因为在硬盘中是利用磁介质来存储信息的。一般而言，在密封的硬盘内腔中有若干个磁盘片，磁盘片的每一面都被以转轴为轴心、以一定的磁密度为间隔划分成多个磁道。每个磁道又进而被划分为若干个扇区。磁盘片的每个磁盘面都相应有一个数据读出头。

简单地说，当数据读出头"扫描"过磁盘面的各个区域时，各个区域中记录的不同磁信号就被转换成电信号，电信号的变化进而被表达为"0"和"1"，成为所有信息的原始"译码"。

伴随着信息数字化的大潮，人们开始寻求不断缩小硬盘体积同时提高硬盘容量的技术。1988年，费尔和格林贝格尔各自独立发现了"巨磁电阻"效应，也就是说，非常弱小的磁性变化就能导致巨大电阻变化的特殊效应。

硬 盘

这一发现解决了制造大容量小硬盘最棘手的问题：当硬盘体积不断变小，容量却不断变大时，势必要求磁盘上每一个被划分出来的独立区域越来越小，这些区域所记录的磁信号也就越来越弱。借助"巨磁电阻"效应，人们才得以制造出更加灵敏的数据读出头，使越来越弱的磁信号依然能够被清晰读出，并且转换成清晰的电流变化。

1997年，第一个基于"巨磁电阻"效应的数据读出头问世，并很快引发了硬盘的"大容量、小型化"革命。如今，笔记本电脑、音乐播放器等各类数码电子产品中所装备的硬盘，基本上都应用了"巨磁电阻"效应，这一技术已然成为新的标准。

而另外一项发明于20世纪70年代的技术，即制造不同材料的超薄层的技术，使得人们有望制造出只有几个原子厚度的薄层结构。由于数据读出头是由多层不同材料薄膜构成的结构，因而只要在"巨磁电阻"效应依然起作用的尺度范围内，科学家未来将能够进一步缩小硬盘体积，提高硬盘容量。

知识点

赛璐珞

赛璐珞，即硝化纤维塑料，是塑料的一种，由胶棉（低氮含量的硝化纤维）和增塑剂（主要是樟脑）、润滑剂、染料等加工制成。透明，可以染成各种颜色，容易燃烧。用来制造玩具、文具等。旧称假象牙。

赛璐珞于1855年由英国人亚历山大·帕克斯发明。于1870年由美国制造公司登录商标时被命名为Celluloid（赛璐珞）。于19世纪80年代后半起，赛璐珞被用做干板的替代品，当照片、胶卷使用。欧盟于2006年10月26日公告，禁用于制造玩具。

延伸阅读

磁带正反转两面的节目为什么不一样？

这是由于磁头有4个空气隙，正转时利用2个，一个通过直流电使其工作产生恒定电场，一个通过音频输送到前置放大器；反转时通过另外2个，而前2个则不再有电流通过。同时详细观察磁带，别看磁带只有4毫米的宽度，实际上它是从带的正中间分为两部分的，分别承担正转或反转的节目，而且由于磁头的四磁间隙结构而不会相互干扰。

所以，录音机有2个磁头：消音磁头和录/放音磁头。话筒把声音变成音频电流，放大后送到录音磁头。

磁与军事

科学幻想小说家库尔特·拉斯维兹在他的科学幻想小说《在两个星球上》中，描绘了地球上的人和火星上的"人"进行了一场战争：

神通广大的磁

战斗在空中激烈地展开。若干回合以后,地球上的大军奋不顾身的战斗意志和精湛的武艺终于迫使强悍的火星"人"退却了。一队队威武的骑兵勇猛地追赶上去。就在这时,一块又宽又大的黑色幕布似的东西飘然而来,骑士们手中的刀剑竟不翼而飞,砰砰啪啪地被吸附在那神秘的"幕布"上。瞬息之间,大队骑兵变得手无寸铁,在一片惊心动魄的嚎叫声中败下阵来。

而在现实中,磁用于防卫和战争的事例早有记载。中国古书《三辅黄图》中说,秦始皇统一中国后,兴建了一座豪华的宫殿——阿房宫。为了防范刺客,阿房宫的宫门是用磁石砌成的。这样,当刺客身藏铁器进入时,就会被磁石吸住,至少也会因此被卫士发现。

而到了晋朝,人们把磁石堆放在敌人必经的狭窄道路上,身披铁甲的敌兵一旦经过,便会被磁石吸引而不能行动自如,失去了作战能力。

《晋书·马隆传》记载,马隆率兵西进甘、陕一带,在敌人必经的狭窄道路两旁,堆放磁石。穿着铁甲的敌兵路过时,被牢牢吸住,不能动弹了。马隆下令士兵改铁甲为犀甲,从而不受磁石吸引而自由往来,敌人以为神兵,不战而退。

而在现代战争中,磁的应用更加广泛。特别是电磁武器和磁性材料在决定战争胜负方面发挥着越来越重要的作用。

电磁波是指迅速变化的电磁场在空间的传播。人类从诞生之日起便生活在电磁波的汪洋大海之中。电磁波在军事上的应用异常丰富。所谓电子对抗(又称电子战)便是指敌我双方利用专门的设备、器材产生和接收处于无线电波段内的电磁波,以电磁波为武器,阻碍对方的电磁波信号的发射和接收,保证自己的发射和接收。

电磁波对人体是有害的。据说,美国有人提出设计电磁枪,该电磁枪将会"诱发癫痫病那样的症状"。另有一种所谓的"热枪",采用的是电磁波段中的微波。热枪能够产生使人体温升高至40.6~41.7℃的作战效果,让敌人不舒服、发热甚至死亡。

电子预警机

1980—1983年,一个叫埃尔登·伯德的美国人,从事了海军陆战队非杀伤性电磁武器的研究。他发现,通过使用频率非常低的电磁辐射,可使动物处于昏迷状态。此外,他还设计了磁场的反应实验,指出:"这些磁场是非常微弱的,但结果是非杀伤性的可逆转的。我们可以使一个人暂时伤残。"

传统的火炮都是利用弹药爆炸时的瞬间膨胀产生的推力将炮弹迅速加速,推出炮膛。而电磁炮则是把炮弹放在螺线管中,给螺线管通电,那么螺线管产生的磁场对炮弹将产生巨大的推动力,将炮弹射出。这就是所谓的电磁炮。类似的还有电磁导弹等。

迄今为止,电磁武器的研制离实战要求仍有较大距离,其中最大的困难是电磁波的功率问题。由于电磁场能量随距离的增大而迅速减弱,如此能量的波束难以瞄准相应的目标,这些原因导致电磁武器的研究远远落后于声波武器和激光武器。

磁性材料在军事领域同样得到了广泛应用。例如,普通的水雷或者地雷只能在接触目标时爆炸,因此作用有限。而如果在水雷或地雷上安装磁性传感器,由于坦克或者军舰都是钢铁制造的,在它们接近(无须接触目标)时,传感器就可以探测到磁场的变化使水雷或地雷爆炸,提高了杀伤力。

在现代战争中,制空权是夺取战役胜利的关键之一。但飞机在飞行过程中很容易被敌方的雷达侦测到,从而具有较大的危险性。为了躲避敌方雷达的监测,可以在飞机表面涂一层特殊的磁性材料——吸波材料,它可以吸收雷达发射的电磁波,使得雷达电磁波很少发生反射,因此敌方雷达无法探测到雷达回波,不能发现飞机,这就使飞机达到了隐身的目的。这就是大名鼎鼎的"隐形飞机"。

隐身技术是目前世界军事科研领域的一大热点。美国的F117隐形战斗机便是一个成功运用隐身技术的例子。在1991年的海湾战争中,美军派出了42架F－117A隐形战斗机,出动1 300余架次,投弹约2 000吨,在仅占2%架次的战斗中却攻击了40%的重要战略目标,自身没有受到任何损失。

隐形战斗机

随着材料技术的发展和更新的技术的出现,隐形飞机的隐形能力会越来越强,在未来战争中的作用会越来越突出。

知识点

电子对抗

电子对抗就是为削弱、破坏敌方电子设备的使用效能,保障己方电子设备发挥效能而采用的综合技术措施,其实质是斗争双方利用电磁波的作用来争夺对电磁频谱的有效使用权。

电子对抗按其对象可分为通信对抗、导航对抗、雷达对抗、制导对抗、光电对抗、敌我识别对抗、无线电引信对抗、遥控遥测对抗等。随着电子技术应用的扩展,新的对抗领域还会出现。

电子对抗是随着电子技术在军事上的应用而逐步发展起来的。第二次世界大战期间,雷达的广泛应用促进了电子对抗的发展。

1943年6月,英军在空袭汉堡的战斗中首次使用箔条干扰物。1944年6月,英、美军队在法国诺曼底登陆战役中,综合运用了各种电子对抗手段,对顺利登陆起了重要作用。

20世纪60年代以来,电子对抗技术,特别是机载电子干扰系统,在对付高空侦察飞机和干扰防空导弹制导系统方面已成为有效的军事手段。

延伸阅读

电磁轨道炮的发展

电磁轨道炮属于"不折不扣"的新概念武器,但这一发明起源较早,已经有了八九十年的历史。

电磁轨道炮由法国人维勒鲁伯于1920年发明。1944年,德国的汉斯勒博士研制出长2米、口径20毫米的电磁轨道炮,能把重10克的圆柱体铝弹丸加速到1.08千米/秒;1945年他又将2门电磁轨道炮串联起来,使炮弹速度达到了1.21千米/秒。

二战期间，日本也研究过感应加速式电磁轨道炮，并把2千克的弹丸加速到335米/秒。但由于材料和电力等关键问题无法解决，电磁轨道炮的研究陷入瓶颈。

1978年，澳大利亚国立大学物理学家理查德·马歇尔和约翰巴伯等人使用5米长的电磁轨道炮将质量3.3克的塑料弹丸以5.9千米/秒的高速发射成功，取得了突破性进展。

"冷战"结束后，随着美国和西方防御思想的转变，电磁轨道炮应用的研究重点也由战略和空间防御向常规战争和战术应用转移。

美国电磁轨道炮的最初应用主要体现在战术弹道导弹防御和低空近程防空上，它的应用将大大加强战术反导能力。目前，利用传统杀伤原理的导弹防御系统仍不能有效地在拦截助推段飞行的战术弹道导弹，主要是因为战术弹道导弹典型的助推段飞行时间是50～150秒。要实现助推段拦截，防御系统由探测到发射的反应时间一般不应超过10～20秒，这对于传统防御系统几乎不可能做到。

电磁轨道炮模拟图

电磁轨道炮的一个重要特点是初速高。假定射弹的初速能达到4千米/秒，射弹飞行30～130秒，若大气阻力和飞行路径弯曲造成的距离损失因目标导弹迎着射弹飞行而能得到补偿，它大致可拦截120～520千米以远处发射的仍处于助推段的战术弹道导弹。

电磁轨道炮用于低空近程防空，可采用电磁轨道炮发射无控射弹或电热炮发射受控弹头。拦截的目标包括各种战术导弹及其他飞行器。研究表明，采用无控射弹在命中概率保持不变的前提下，为了增加拦截距离，最有效的途径是提高射弹初速，而不是增加射弹质量，对出口动能的要求明显下降。因此，采用无控射弹进行低空近程防空时，一般用初速高的电磁轨道炮和质量小、形体小的重合金长棒形射弹。

普通舰炮的射程只有20千米，而且准确度很差，巡航导弹的有效射程虽然超过了300千米，但它们造价昂贵，而且一艘舰艇最多只能携带70枚，由于无法在海上装卸，补充时还必须返回港口。电磁轨道炮则以射程远、成本低、运输以及补充便利等多项优势而被美国国防部寄予厚望。

地质、采矿等领域的磁应用

地磁的变化可以用来勘探矿床。由于所有物质均具有或强或弱的磁性，如果它们聚集在一起，形成矿床，那么必然对附近区域的地磁场产生干扰，使得地磁场出现异常情况。根据这一点，可以在陆地、海洋或者空中测量大地的磁性，获得地磁图。对地磁图上磁场异常的区域进行分析和进一步勘探，往往可以发现未知的矿藏或者特殊的地质构造。

不同地质年代的岩石往往具有不同的磁性。因此，可以根据岩石的磁性辅助判断地质年代的变化以及地壳变动。

20世纪40—50年代早期，是大陆漂移说濒临覆亡的时期。然而就在这个时刻，古地磁学诞生了。正是这项看起来与大陆漂移毫不相干的研究事业复活了大陆漂移理论。

20世纪50年代初期，在英国开始着手古地磁研究的有两支独立的队伍，一个是由诺贝尔奖获得者、已故著名物理学家布莱克特领导的伦敦皇家学院小组，另一个是由朗科恩领导的剑桥大学小组。这两个小组虽然都从古地磁学研究走向了复兴大陆漂移理论，但他们所走的道路却是不同的。

朗科恩并不是一开始就赞成古地磁学结果的大陆漂移解释。事实上，当布莱克特小组在1954年首先宣布古地磁学可以拯救消沉多时的大陆漂移理论时，朗科恩的态度明显是反对的。

当时，布莱克特小组研究了英国的一种2

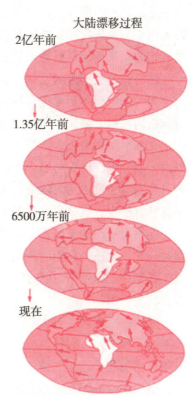

大陆漂移学说

亿年前（三叠纪）红色砂岩的化石磁性，发现所测得的古纬度要比英国目前所在的纬度低得多，因此他们认为英国在2亿年间曾经向北移动了很长的距离。换句话说，他们把古纬度的差异自然地看作是大陆漂移的结果。然而朗科恩认为古纬度的差异既可以是大陆漂移或大陆漂移与碰撞引起，也可以由磁极游移造成。由于长期接受大陆漂移不可能的思想教育，因此朗科恩宁愿相信后者。

然而，事情的发展终于使朗科恩转变了立场，因为如果事情真像朗科恩设想的那样只是地磁极本身在游移，那么，地球上各个大陆应该测得一条统一的磁极游移曲线。

但事实上朗科恩小组很快发现，不同的大陆存在着不同的古地磁极迁移轨迹。例如朗科恩比较了北美和欧洲的两条极移曲线（1956）后发现，两条曲线三叠纪以前的部分，在经度上有30°左右的恒定偏差，但如果去掉两者之间的大西洋，两条曲线就能相互重合。这意味着北美和欧洲在三叠纪以前是联合在一起的。于是朗科恩真正认识到了大陆漂移说的价值。

朗科恩及其同伴的发现，为大陆漂移说提供了一个非常有分量的证据，同时也为大陆漂移的历史重建提供了一个精细的方法。他们运用这种方法得到了与魏格纳相似的结果，同时又超越了魏格纳的某些看法。

在魏格纳看来，大陆漂移只涉及最近2亿年的地球史，并且是从合到分的单向发展过程，但朗科恩小组的研究表明，大陆漂移可在更早的时期发生，这种过程不是由单一的大陆演变为分散的陆块，而是大陆的拼合与离散在地球史上交替着出现。这些研究成果现已容纳进板块构造理论的骨架之中。

朗科恩小组的工作在促使地学界思想转变上有着非常重要的意义。由于地球物理学权威杰弗里斯的抵制，在20世纪20年代，英国曾是反对大陆漂移说的坚强堡垒。但到了50年代末，古地磁学的成果已使英国一批地球物理学家首先转变为漂移论者。

朗科恩则表现了对大陆漂移的最大热情，20世纪50年代末他去美国作较长期的学术访问，宣传自己的研究成果，对美国学术界后来以另一种形式复兴大陆漂移说起了不小的推进作用。

很多矿藏资源都是共生的，也就是说好几种矿物质混合在一起，它们具有不同的磁性。利用这个特点，人们开发了磁选机，利用不同成分矿物质的不同磁性以及磁性强弱的差别，用磁铁吸引这些物质。那么，它们所受到的吸引力就有所区别，结果可以以将混在一起的不同磁性的矿物分开，实现了磁性选矿。

磁选机可以分选的矿物很多，比如：磁铁矿、褐铁矿、赤铁矿、锰菱铁矿、钛铁矿、黑钨矿、锰矿、碳酸锰矿、冶金锰矿、氧化锰矿、铁砂矿、高岭土、稀土矿等都可以用磁选机来分选。磁选过程是在磁选机的磁场中，借助磁力与机械力对矿粒的作用而实现分选的。不同磁性的矿粒沿着不同的轨迹运动，从而分选为两种或几种单独的选矿产品。

湿式永磁筒式磁选机是铁矿石选厂普遍使用的一种磁选机，它适用于选别强磁性矿物。湿式永磁筒式磁选机主要由圆筒、辊筒、刷辊、磁系、槽体、传动部分6部分组成。

圆筒由2~3毫米厚不锈钢

磁选机

板卷焊成筒，端盖为铸铝件或切剥件，用不锈钢螺钉和筒相连。电机通过减速机或直接用无极调速电机，带动圆筒、磁辊和刷辊做回转运动。磁系为开放式磁系，装在圆筒内和裸露的全磁。磁块用不锈钢螺栓装在磁轭的底板上，磁轭的轴伸出筒外，轴端固定有拐臂。扳动拐臂可以调整磁系偏角，调整合适后可以用拉杆固定。槽体的工作区域用不锈钢板制造，机架和槽体的其他部分用普通钢材焊接。

矿浆经给矿箱流入槽体后，在给矿喷水管的水流作用下，矿粒呈松散状态进入槽体的给矿区。在磁场的作用下，磁性矿粒发生磁聚而形成"磁团"或"磁链"。"磁团"或"磁链"在矿浆中受磁力作用，向磁极运动，而被吸附在圆筒上。

由于磁极的极性沿圆筒旋转方向是交替排列的，并且在工作时固定不动，"磁团"或"磁链"在随圆筒旋转时，由于磁极交替而产生磁搅拌现象，被夹杂在"磁团"或"磁链"中的脉石等非磁性矿物在翻动中脱落下来，最终被吸在圆筒表面的"磁团"或"磁链"即是精矿。

精矿随圆筒转到磁系边缘磁力最弱处，在卸矿水管喷出的冲洗水流作用下被卸到精矿槽中。如果是全磁磁辊，卸矿是用刷辊进行的。

非磁性或弱磁性矿物被留在矿浆中随矿浆排出槽外，即是尾矿。

知识点

大陆漂移学说

大陆漂移学说是解释地壳运动和海陆分布、演变的学说。大陆彼此之间以及大陆相对于大洋盆地间的大规模水平运动，称为大陆漂移。

1620年英国人法西斯·培根提出了西半球曾经与欧洲和非洲连接的可能性。

1668年法国普拉赛认为在大洪水以前，美洲与地球的其他部分不是分开的。

到19世纪末，奥地利地质学家修斯注意到南半球各大陆上的岩层非常一致，因而将它们拟合成一个单一大陆，称之为冈瓦纳古陆。

1912年阿尔弗雷德·魏格纳正式提出了大陆漂移学说，并在1915年发表的《海陆的起源》一书中作了论证。

大陆漂移说认为，地球上所有大陆在中生代以前曾经是统一的巨大陆块，称之为泛大陆或联合古陆，中生代开始，泛大陆分裂并漂移，逐渐达到现在的位置。大陆漂移的动力机制与地球自转的两种分力有关：向西漂移的潮汐力和指向赤道的离极力。较轻硅铝质的大陆块漂浮在较重的黏性的硅镁层之上，由于潮汐力和离极力的作用使泛大陆破裂并与硅镁层分离，而向西、向赤道做大规模水平漂移。

魏格纳

由于不能更好地解释漂移的机制问题，当时曾受到地球物理学家的反对。20世纪50年代中期至60年代，随着古地磁与地震学、宇航观测的发展，使一度沉寂的大陆漂移说获得了新生，并为板块构造学的发展奠定了基础。

古地磁研究原理

古地磁研究主要建立在下列两个假设基础上：

1. 岩石的原生剩磁方向与形成岩石时的地磁场方向一致，研究岩石的原生剩磁就能推测岩石形成时的地磁场方向。

2. 古地磁场是轴向地心偶极场。

由于同一时期生成的岩石不管其处于地球上的哪一部分，它们所获得的磁性都是由当时的地磁场所决定的，彼此相关联，且具有全球一致性。因此，可以通过各种古地磁参数，如偏角、倾角、古极位置和古纬度等的测定，推算出各岩石之间在时间空间上的相互关系。如果这些岩石获得磁性以后，经历了某种地质事件，如构造运动等，就将引起它们的各种古地磁参数发生变化。通过对这些变化的分析，可以追溯它们所经历的地质事件。

地磁场可以近似为一个置于地心的偶极子磁场。地磁学的研究指出，近400年来的实测记录表明，地磁极有围绕地理极做周期性运动的趋势，其运动的周期可能为 $10^4 \sim 10^5$ 年。上新世以来的岩石剩余磁性的测量结果表明，在最近500万年期间，地磁极是均匀分布在地理极四周的，其平均位置与现代地理极重合。因此，可以根据各个年代的岩石剩磁的测量结果，计算出古地磁极的位置，并用以代表地理极位置。这就是说，地心偶极子的磁轴与地球的转轴重合。

这就是著名的轴向地心偶极子假说。它是古地磁学中的一个非常重要的基本假说。在地球上任何地方，相同年代生成的岩石所获得的磁化的方向与当时当地的地磁场方向基本上是一致的。由这些磁化方向推算出的磁极位置就是当时的地磁极位置，而且所有岩石的磁化方向应该对应同一个磁极位置。如果某些岩石在磁化以后，地理位置发生了变化，如发生了地块的漂移，或在原地发生了水平面内的转动，那么保存在岩石内部的磁化方向也将随之改变其空间方位。因此，从磁化方向的易位可反推地块或地理位置的变动。

在古地磁研究中，单个的岩体，例如单个的熔岩流，所保留的剩磁只反映地质史上瞬时的地磁场情况，因此，由单个岩体数据所算出的磁极叫虚地磁极

（简称VGP）。虚地磁极沿顺时针方向绕地理极运动，周期约为10^4年。因此，当用足够的岩石标本，而且它们所代表的时间范围超过10^4年时，则由它们的平均数据算出的磁极才叫古地磁极。古地磁极与地极是一致的。

磁与现代医学

科学家们发现，长期生活在几万伏至几十万伏高压输电线附近地区的人，很容易激动，容易疲劳，大脑的效率低，在青年人中患白血病和淋巴瘤的比例也比一般人要高。

有人将猴子放在80万安培/米的强磁场中1小时，猴子的心率会降低。而家鼠在弱磁场的环境里生理功能也会不正常，繁殖的后代容易生肿瘤。

然而许多植物如番茄等在磁场的影响下，种子会提早萌芽，提前开花结果。春蚕在这样的环境里会提前进入成熟期，所结的茧也比较大。总之，磁场对生物的影响已引起了越来越多的研究者的兴趣。

英国生物学家蒂克赛博士发现了人体内部传递磁信号的细节。原来人体内部存在一种"培养神经细胞"，当这类细胞置放在低频的磁场中，它合成、释放出来肾上腺激素的数量会增加，由此引起了一系列的生理反应。

也有人报道在外磁场的作用下，人体内的红细胞将发生旋转，从而使血管壁的侧压力降低，进而降低人体的血压。更多的专家认为磁场会影响到细胞膜上的金属离子钾、钠、钙，改变细胞的特性，使神经的兴奋性或抑制性发生改变。

时至今日，尽管我们对生命体在磁场的影响下所发生的一系列变化细节还不甚清楚，但利用磁效应来治疗疾病，则早就开始了。

磁在医学上的应用有着悠久的历史。在西汉的《史记》（约前90年）中的《仓公传》便讲到齐王侍医利用5种矿物药（称为五石）治病。这5种矿物药是指磁石（主要成分为四氧化三铁）、丹砂（主要成分为硫化汞）、雄黄（主要成分为三氧化二砷）、矾石（主要成分为硫酸钾铝）和曾青（主要成分为硫酸铜）。

随后历代都有应用磁石治病的记载。例如：

在东汉的药书《神农本草》（约2世纪）中便讲到利用性寒味辛的慈（磁）石治疗风湿、肢节痛、除热和耳聋等疾病。

神通广大的磁

南北朝陶弘景著的医药书《名医别录》（510年）中讲到磁石可以养肾脏，强骨气，通关节，消痈肿等。

唐代著名医药学家孙思邈著的药书《千金方》（652年）中还讲到用磁石等制成的蜜丸，如经常服用可以对眼力有益。

北宋何希影著的医药书《圣惠方》（1046年）中又讲到磁石可以医治儿童误吞针的伤害，这就是把枣核大的磁石，磨光钻孔穿上丝线后投入喉内，便可以把误吞的针吸出来。

南宋严用和著的医药书《济生方》（1253年）中又讲到利用磁石医治听力不好的耳病，这是将一块豆大的磁石用新棉塞入耳内，再在口中含一块生铁，便可改善病耳的听力。

陶弘景石像

明代著名药学家李时珍著的《本草纲目》关于医药用磁石的记述内容丰富并具总结性，对磁石形状、主治病名、药剂制法和多种应用的描述都很详细，例如磁石治疗的疾病就有耳卒聋闭、肾虚耳聋、老人耳聋、老人虚损、眼昏内障、小儿惊痫、子宫不收、大肠脱肛、金疮肠出、金疮血出、误吞针铁、丁肿热毒、诸般肿毒等10多种疾病。利用磁石制成的药剂有磁朱丸、紫雪散和耳聋左慈丸等。

总的说来，在各个朝代的医药书中常有用磁石治疗多种疾病的记载。

我国在1921年出版的《中国医学大辞典》（谢观编著）记载了利用磁石作重要原料的几种中成药，如磁石丸、磁石大味丸、磁石毛、磁石羊肾丸、磁石酒、磁石散和磁朱丸等。

1935年初版、1956年修订的《中国药学大辞典》中详述了慈（磁）石的种类、制法、用法、主治和历代的记载考证，还列举了磁石在医药上的10余种应用。

1963年我国卫生部出版的《中华人民共和国药典》中列举了以磁石为重要成分的几种中成药，如耳聋左慈丸、紫雪（散）和磁朱丸等。

在西方医学史上，磁石也很早入药，古希腊医生用它来做泻药，治疗足痛和痉挛。20世纪以来,医学上对磁现象的应用已发展到诊断、理疗、康复、保健等许多方面。西方出现了磁椅、磁床、磁帽、磁带等保健器械。

1956年日本人发明了用磁带来治疗高血压和肩周炎。近年来美国药物专家试制磁性药丸来攻击肿瘤,引起人们的关注。这是将抗癌药与磁性粉末混合,外面由聚氨基酸包膜制成微粒。注入人体后,在外磁场的"引导"下,使它停留在癌肿部位的毛细血管里,病人或医生可以用体外的手表式磁场发射器来控制药物的释放,这样既能有效地杀灭癌细胞,又可以减少其他的不良反应。

磁在生物学和医学方面的一项重要应用是原子核磁共振成像,简称磁共振成像,又称磁共振CT(CT是计算机化层扫描的英文缩写)。这是利用磁共振的方法和电子计算机的处理技术等来得到人体、生物体和物体内部一定剖面的一种原子核素,也即这种核素的化学元素的浓度分布图像。

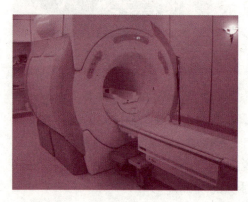

磁共振成像设备

磁共振成像技术的基本原理如下:

原子核带有正电,并进行自旋运动。通常情况下,原子核自旋轴的排列是无规律的,但将其置于外加磁场中时,核自旋空间取向从无序向有序过渡。自旋系统的磁化矢量由零逐渐增长,当系统达到平衡时,磁化强度达到稳定值。如果此时核自旋系统受到外界作用,如一定频率的射频激发,原子核即可引起共振效应。

在射频脉冲停止后,自旋系统已激化的原子核,不能维持这种状态,将回复到磁场中原来的排列状态,同时释放出微弱的能量,成为射电信号,把这许多信号检出,并使之进行空间分辨,就得到运动中原子核分布图像。

磁共振的特点是流动液体不产生信号称为流动效应或流动空白效应。因此血管是灰白色管状结构,而血液为无信号的黑色。这样使血管很容易与软组织分开。正常脊髓周围有脑脊液包围,脑脊液为黑色的,并有白色的硬膜为脂肪所衬托,使脊髓显示为白色的强信号结构。

磁共振已应用于全身各系统的成像诊断。效果最佳的是颅脑及其脊髓、心脏大血管、关节骨骼、软组织及盆腔等。对心血管疾病不但可以观察各腔室、大血管及瓣膜的解剖变化，而且可作心室分析，进行定性及半定量的诊断，可作多个切面图，空间分辨率高，显示心脏及病变全貌及其与周围结构的关系。

目前应用的是氢元素的原子核磁共振层析成像。这种层析成像比目前应用的X射线层析成像（又称X射线CT）具有更多的优点。

例如，X射线层析成像得到的是成像物的密度分布图像，而磁共振层析成像却是成像物的原子核密度的分布图像。目前虽然还仅限于氢原子核的密度分布图像，但氢元素是构成人体和生物体的主要化学元素。因此，从磁共振层析成像得到的氢元素分布图像，要比从X射线密度分布图像得到人体和生物体内的更多信息。

例如，人体头部外层头骨的密度高，而内层脑组织的密度较低，因此，从人头部的X射线层析成像难于得到人脑组织的清晰图像。但是，从人头部的磁共振层析成像却可以得到头内脑组织的氢原子核即氢元素分布的清晰图像，从而可以看出脑组织是否正常。

又例如，对于初期肿瘤患者，其组织同正常组织尚无明显差异时，从X射线层析成像尚看不出异常，但从磁共振层析成像就可看出其异常了。在磁共振层析成像中可以检查出的脑瘤，但在X射线层析成像中却看不出来。

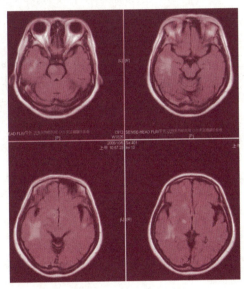

颅脑磁共振成像图

目前磁共振层析成像应用的虽然还只有氢核一种原子核素，但从科学技术发展看，可以预言将会有更多的原子核素，如碳核、氮核等的磁共振层析成像也将进入应用。

磁不仅可以诊断，而且能够帮助治疗疾病。磁石是古老中医的一味药材。现在，人们利用血液中不同成分的磁性差别来分离红细胞和白细胞。另外，磁场与人体经络的相互作用可以实现磁疗，在治疗多种疾病方面有独到的作用，已经有磁疗枕、磁疗腰带等应用。

知识点

《本草纲目》

《本草纲目》，是由明朝医药学家李时珍为修改古代医书中的错误而编，他以毕生精力，亲历实践，广收博采，对本草学进行了全面的整理总结，历时29年编成，是其30余年心血的结晶。

全书共52卷，载有药物1 892种，其中载有新药374种，收集药方11 096个，书中还绘制了1 160幅精美的插图，约190万字，分为16部、60类。这本药典，不论从它严密的科学分类，或是从它包含药物的数目之多和流畅生动的文笔来看，都远远超过古代任何一部本草著作。

《本草纲目》被誉为"东方药物巨典"，对人类近代科学以及医学方面影响最大。

延伸阅读

为何没有心磁图和脑磁图

我们在体格检查或因心脏、脑部疾病去医院就医时，常常需要做心电图或脑电图的检查，由此了解心脏或脑部的生理和病理情况。但是我们知道电的活动（电流）会产生磁场，因此在心电流产生心电图和脑电流产生的脑电图时，也应该有心磁场产生的心磁图和脑磁场产生的脑磁图。

那么，为什么目前医院里还没有应用心磁图和脑磁图呢？这是因为心

心电图传感器

脏产生的心磁场和脑部产生的脑磁场都太微弱,不但需要特别的高度灵敏的测量心、脑磁场的磁强计,例如应用在很低温度下才能使用的超导量子干涉仪式磁强计,而且由于微弱的心脏磁场只有地球磁场的大约百万分之一,更微弱的脑部磁场只有地球磁场的大约亿分之一,因此在测量心脏磁场和脑部磁场时还必须排除地球磁场的干扰,这就需要在能把地球磁场显著减小的磁屏蔽室中进行心、脑磁场的测量,或者利用超导量子干涉仪式磁场梯度计在没有磁屏蔽室时进行心、脑磁场的测量。这是因为磁场梯度计只测量不均匀的磁场,而对均匀的磁场无反应。而在小的区域中的地球磁场是均匀的,但人的心、脑磁场却是随距离心、脑远近的不同而不同的非均匀磁场,故可以用高灵敏度的超导量子干涉仪式磁场梯度计而不需用磁屏蔽室便可以测量人的心、脑磁场。

可以看出,心、脑磁场的测量要比心、脑电场的测量复杂和困难得多,因而在应用上受到许多限制。目前,国外和我国虽然都研制出超导量子干涉式磁强计,大的磁屏蔽室和超导量子干涉式磁场梯度计,但都还没有实际和大量应用到心、脑磁场和心、脑磁图的测量上。

但是,从另一方面看,同心、脑电图相比较,心、脑磁图在医学应用上却有许多特点和优点。

例如,心电图只能测量交变的电流信号,不能测量直流(恒定)的电流信号,因而不能应用于只产生直流异常电信号的生理病理探测,而心、脑磁图却能同时测量交变和直流(恒定)的磁场信号。

又例如,心、脑电图的测量都需要使用同人体接触的电极片,而电极片的干湿程度及同人体接触的松紧程度都会影响测量的结果,同时因使用电极片,不能离开人体,故只能是二维空间的测量,但是心、脑磁图却是使用可不同人体接触的测量线圈(磁探头),既没有接触的影响,又可以离开人体进行三维空间的测量,可得到比二维空间测量更多的信息。

再例如,实验研究结果表明,心、脑磁图比心、脑电图具有更高的分辨率。还有除了心、脑磁图外,到目前已经测量研究了人体的眼磁图、肌(肉)磁图、肺磁图和腹磁图等,取得了人体多方面的磁信息。

物质磁化的应用

磁化现象在生活中较为常见,例如机械表放在强磁场处一段时间,手表就走时不准了；电工用的螺丝刀碰一下螺丝钉，螺丝钉就吸了起来等等。那么磁化到底是怎么一回事？

磁化是使原来没有磁性的物体获得磁性的过程。不是所有的物体都会被磁化，例如磁铁不能吸引铜、铝、玻璃等，说明了这些物体不能被磁化。

凡是可以磁化的物质，都有磁分子构成，未被磁化前，这些磁分子杂乱地排列，磁作用相互抵消，对外不显磁性。当受到外界磁场磁力的作用时，它们会排列整齐。在中间的磁分子间磁作用虽被抵消，但在两端则显示了较强的磁作用，出现了所谓磁性最强的磁极，但如果磁化后被敲打或火烤，排列会重新无序，磁性又将消失。例如电饭锅中的温度达到103℃左右，磁钢的磁性自动消失。

我们可以做一个简单的实验。找一个10厘米左右长的铁钉，把它放在火上烧红，再把它捂在沙里慢慢冷却，这叫退火。待铁钉凉透之后，把它靠近大头针，它对大头钉没有一点儿磁力。然后，你左手拿着铁钉，一头对准北方，另一头对准南方，右手拿起木块，在钉头上敲打7~8下。你再把铁钉放进大头针盒里，它就能吸起一些大头针了。这说明，就这么敲打几下，铁钉磁化成磁铁了，虽然它的磁力不大。如果把它朝东西方向放好，再敲几下，它的磁力又会消失。

原来铁钉没磁化前，它内部的许多小磁体，杂乱无章，磁力相互抵消，所以没磁力。当你把铁钉朝南北方向放好，敲打它，内部的小磁体受振，在地磁的作用下，就会规矩地排列起来，铁钉就有磁性了。当你把铁钉朝东西方向放好，再敲打时，铁钉内部的小磁体又会变得乱七八糟，所以铁钉没有磁性了。

我国古代对磁化现象就有一定的研究利用。早在11世纪，曾公亮在《武经总要》一书中，就有了关于指南鱼的人工磁化方法，这是世界上人工磁化方法的最早实践。

这种人工磁化方法，是利用地球磁场使铁片磁化。即把烧红的铁片放置在子午线的方向上，烧红的铁片内部分子处于比较活动的状态，使铁分子顺着地球磁场方向排列，达到磁化的目的。蘸入水中，可把这种排列较快地固定下来，而鱼尾略向下倾斜可增大磁化程度。

而沈括在《梦溪笔谈》中提到另一种人工磁化的方法："方家以磁石摩针锋，则能指南。"按沈括的说法，当时的技术人员用磁石去摩擦缝衣针，就能使针带上磁性。从现在的观点来看，这是一种利用天然磁石的磁场作用，使钢针内部磁畴的排列趋于某一方向，从而使钢针显示出磁性的方法。这种方法比地磁法简单，而且磁化效果比地磁法好。摩擦法的发明不但世界最早，而且为有实用价值的磁指向器的出现，创造了条件。

神通广大的磁

磁化技术在现代生活中有着广泛的应用，特别是磁化水技术已越来越引起人们的重视。

磁化水是一种被磁场磁化了的水。让普通水以一定流速，沿着与磁力线平行的方向，通过一定强度的磁场，普通水就会变成磁化水。磁化水有种种神奇的效能，在工业、农业和医学等领域有广泛的应用。

在工业上，人们最初只是用磁场处理少量的锅炉用水，以减少水垢。现在磁化水已被广泛用于各种高温炉的冷却系统，对于提高冷却效率、延长炉子寿命起了很重要的作用。许多化工厂用磁化水加快化学反应速度，提高产量。建筑行业用磁化水搅拌混凝土，大大提高了混凝土强度。纺织厂用磁化水褪浆，印染厂用磁化水调色，都取得了很好的经济效益。

沈括

在农业上，用磁化水浸种育秧，能使种子出芽快，发芽率高，幼苗具有株高、茎粗、根长等优点；用磁化水灌田，可使土质疏松，加快有机肥分解，刺激农作物生长。通过实践人们发现，常浇磁化水的大豆、玉米等作物和萝卜、黄瓜等蔬菜，产量可提高 10% ~ 45%，水稻、小麦、油菜等作物可增产 11% ~ 18%。此外，有些畜牧场用磁化水喂养家禽家畜，可使禽畜疾病减少、增重快。

磁化水设备

在医学上，磁化水不仅可以杀死多种细菌和病毒，还能治疗多种疾病。例如磁化水对治疗各种结石病症（胆结石、膀胱结石、肾结石等）、胃病、高血压、糖尿病及感冒等均有疗效。对于没病的人来说，常饮磁化水还能起到防病健身的作用。

在日常生活中，用经过磁化的洗衣粉溶液洗衣，可把衣服洗得更干净。有趣的是，不用洗衣粉而单用磁化水洗衣，洗涤效果也很令人满意。

知识点

指南鱼

指南鱼是中国古代用于指示方位和辨别方向的一种器械。

指南鱼用一块薄薄的钢片做成，形状很像一条鱼。它有6.6厘米长、1.7厘米宽，鱼的肚皮部分凹下去一些，像小船一样，可以浮在水面上。钢片做成的鱼没有磁性，所以没有指南的作用。如果要它指南，还必须再用人工传磁的办法，使它变成磁铁，具有磁性。

指南鱼

北宋时，曾公亮的《武经总要》载有制作和使用指南鱼的方法："用薄铁叶剪裁，长二寸，阔五分，首尾锐如鱼型，置炭火中烧之，候通赤，以铁钤钤鱼首出火，以尾正对子位，蘸水盆中，没尾数分则止，以密器收之。用时，置水碗于无风处平放，鱼在水面，令浮，其首常向午也。"

后来，指南鱼进行了改进，是用木头刻成鱼形，有手指那么大，木鱼腹中置入一块天然磁铁，磁铁的S极指向鱼头，用蜡封好后，从鱼口插入一根针，就成为指南鱼。将其浮于水面，鱼头指南，这也是水针的一类。

使用指南鱼，比使用司南要方便，它不需要再做一个光滑的铜盘，只要有一碗水就可以了。盛水的碗即使放得不平，也不会影响指南的作用，因为碗里的水面是平的。而且，由于液体的摩擦力比固体小，转动起来比较灵活，所以它比司南更灵敏，更准确。

延伸阅读

小型水磁化器：磁化杯

磁化杯是水磁化器的一种，将自然水放入磁化杯磁化后而成为磁化水的一种装置。

普通水在磁化器内，以一定量、一定流速流过磁场时（或在磁场中停留）水体垂直切割磁力线（或由水的热运动切割磁力线）产生电磁感应，在磁场作用下，使水体的理化性质发生变化，就可成为有生物效应的磁化水。

磁化水分子中的原子结构也发生了变化。水分子中的3个原子，并不在一条直线上。用X线衍射法对冰的结构进行测定，表明两个O－H键之间构成104.5°的夹角。氧原子在水中吸引电子的能力比氢原子大得多。处于水分子一端的氧原子带部分负电荷，另一端的两个氢原子带部分正电荷。从微观理化特性上确有多方面的改变。从而产生了特异效应。

磁化杯

随着水的磁化过程，逐渐改变了水分子的排列，破坏了水分子之间的氢键，使缔合的水分子变成了单散的分子，长键变成短键，从而促进其渗透能力和溶解能力增加，比较容易地渗透入体结石之中以及机体内部脏层与壁层之间。加之磁化水可能激活机体内某些酶的活性，有力地促进了营养物质的代谢过程。

涡流的应用

涡流，又称为傅科电流，是"涡电流"的简称。迅速变化的磁场在导体（包括半导体）内部引起的感应电流，其流动的路线呈涡旋形，就像一圈圈的旋涡，故称"涡流"。

导体在磁场中运动,或者导体静止但有着随时间变化的磁场,或者两种情况同时出现,都可以造成磁力线与导体的相对切割。

按照电磁感应定律,在导体中就产生感应电动势,从而驱动电流。这样引起的电流在导体中的分布随着导体的表面形状和磁通的分布而不同,其路径往往有如水中的旋涡。导体的外周长越长,交变磁场的频率越高,涡流就越大。

导体在非均匀磁场中移动或处在随时间变化的磁场中时,因涡流而导致能量损耗称为涡流损耗。涡流损耗的大小与磁场的变化方式、导体的运动、导体的几何形状、导体的磁导率和电导率等因素有关。涡流损耗的计算需根据导体中的电磁场的方程式,结合具体问题的上述诸因素进行。

变压器铁芯

涡流损耗会使变压器和电机的效率降低。如果我们仔细观察发电机、电动机和变压器,就可以看到,它们的铁芯都不是整块金属,而是用许多薄的硅钢片叠合而成。为什么这样呢?原来,电动机、变压器的线圈都绕在铁芯上。线圈中流过变化的电流,在铁芯中产生的涡流会使铁芯大量发热,浪费大量的电能,效率很低,而且会危及线圈绝缘材料的寿命,严重时可使绝缘材料当即烧毁。为了减少发热,降低能耗,提高效率,交流电机、电器中,一般不用整块材料作铁芯,而是把铁芯材料首先轧制成很薄的板材,板材外面涂上绝缘材料,再把板材叠放在一起,形成铁芯。这样涡流被限制在狭窄的薄片之内,磁通穿过薄片的狭窄截面时,这些回路中的净电动势较小,回路的长度较大,回路的电阻很大,涡流大为减弱。再由于这种薄片材料的电阻率大(硅钢的涡流损失只有普通钢的1/5~1/4),从而使涡流损失大大降低。

但有时我们又要利用涡流。在需要产生高温时,又可利用涡流来取得热量,如高频电炉就是根据这一原理设计的。

涡流流动情况可用电流密度描述,由于多数金属的电阻率很小,因此不大的感应电动势往往可以在整块金属内部激起强大的涡流。当一个铁芯线圈通过交变电流时在铁芯内部激起涡流，它和普通电流一样要放出焦耳热。利用涡流的热效应进行加热的方法叫做感应加热。

冶炼金属用的高频感应炉就是感应加热的一个重要例子。当线圈通入高频交变电流时，在线圈中的坩埚里的被冶炼金属内出现强大的涡流，它所产生的热量可使金属很快熔化。这种冶炼方法的最大优点之一，就是冶炼所需的热量直接来自被冶炼金属本身，因此可达极高的温度并有快速和高效的特点。

高频感应炉

此外，这种冶炼方法易于控制温度，并能避免有害杂质混入被冶炼的金属中，因此适于冶炼特种合金和特种钢等。

另一方面，利用涡流作用可以做成一些感应加热的设备，或用以减少运动部件振荡的阻尼器件等。

涡流还可以应用于生活。电磁炉就是涡流在生活中的应用。电磁炉是一种安全、卫生、高效、节能的炊具，是"现代厨房的标志"之一。

知识点

变压器

变压器是利用电磁感应的原理来改变交流电压的装置，主要构件是初级线圈、次级线圈和铁芯（磁芯）。在电器设备和无线电路中，常用作升降电压、匹配阻抗、安全隔离等。在发电机中，不管是线圈运动通过磁场或磁场运动通过固定线圈，均能在线圈中感应电势，此两种情况，磁通的值均不变，但与线圈相交链的磁通数量却有变动，这是互感应的原理。变压器就是一种利用电磁互感应，变换电压、电流和阻抗的器件。

> 变压器的功能主要有：电压变换、电流变换、阻抗变换；隔离；稳压（磁饱和变压器）等。变压器常用的铁芯形状一般有E型和C型铁芯、XED型、ED型和CD型。
>
> 变压器按用途可以分为：配电变压器、电力变压器、全密封变压器、组合式变压器、干式变压器、油浸式变压器、单相变压器、电炉变压器、整流变压器、电抗器、抗干扰变压器、防雷变压器、箱式变电器、试验变压器、转角变压器、大电流变压器、励磁变压器等。

延伸阅读

涡流检测

涡流检测是工业上无损检测的方法之一。

涡流检测是将通有交流电的线圈置于待测的金属板上或套在待测的金属管外。这时线圈内及其附近将产生交变磁场，使试件中产生呈旋涡状的感应交变电流，称为涡流。涡流的分布和大小，除与线圈的形状和尺寸、交流电流的大小和频率等有关外，还取决于试件的电导率、磁导率、形状和尺寸、与线圈的距离以及表面有无裂纹缺陷等。因而，在保持其他因素相对不变的条件下，用一探测线圈测量涡流所引起的磁场变化，可推知试件中涡流的大小和相位变化，进而获得有关电导率、缺陷、材质状况和其他物理量（如形状、尺寸等）的变化或缺陷存在等信息。但由于涡流是交变电流，具有集肤效应，所检测到的信息仅能反映试件表面或近表面处的情况。

按试件的形状和检测目的的不同，可采用不同形式的线圈，通常有穿过式、探头式和插入式线圈3种。

涡流检测

穿过式线圈用来检测管材、棒材和线材，它的内径略大于被检物件，使用时使被检物体以一定的速度在线圈内通过，可发现裂纹、夹杂、凹坑等缺陷。

探头式线圈适用于对试件进行局部探测。应用时线圈置于金属板、管或其他零件上，可检查飞机起落架撑杆内筒和涡轮发动机叶片上的疲劳裂纹等。

插入式线圈也称内部探头，放在管子或零件的孔内用来作内壁检测，可用于检查各种管道内壁的腐蚀程度等。

为了提高检测灵敏度，探头式和插入式线圈大多装有磁芯。涡流法主要用于生产线上的金属管、棒、线的快速检测以及大批量零件如轴承钢球、汽门等的探伤（这时除涡流仪器外尚须配备自动装卸和传送的机械装置），材质分选和硬度测量，也可用来测量镀层和涂膜的厚度。

电动机和发电机

电能是现代社会最主要的能源之一。发电机是将其他形式的能源转换成电能的机械设备，它由水轮机、汽轮机、柴油机或其他动力机械驱动，将水流、气流、燃料燃烧或原子核裂变产生的能量转化为机械能传给发电机，再由发电机转换为电能。发电机在工农业生产、国防、科技及日常生活中有广泛的用途。

发电机的形式很多，但其工作原理都基于电磁感应定律和电磁力定律。因此，其构造的一般原则是：用适当的导磁和导电材料构成互相进行电磁感应的磁路和电路，以产生电磁功率，达到能量转换的目的。

发电机是由磁铁系统、在磁性材料上绕有电流线圈的电枢和使电枢转动的转动机械构成的。发电机工作时，转动机械使电枢旋转，电枢上的线圈在磁铁系统产生的磁场中旋转，切割磁场的磁力线时，根据电磁感应作用原理，便会在线圈中产生感应电动势，在这电流线圈为通路时便会产生电流。这样发电机便开始发电了。

发电机的发明，得益于1820年奥

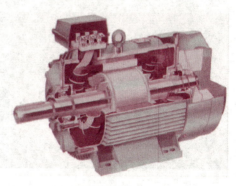

发电机结构示意图

斯特发现的电流的磁效应。奥斯特成功地完成了通电导线能使磁针偏转的实验后，当时不少科学家又进行了进一步的研究：磁针的偏转是受到力的作用，这种机械力，来自于电荷流动的电力。

那么，能否让机械力通过磁，转变成电力呢？著名科学家安培是这些研究者中的一个。他实验的方法很多，但犯了根本性错误，实验没有成功。

另一位科学家科拉顿，在1825年做了这样一个实验：把一块磁铁插入绕成圆筒状的线圈中，他想，这样或许能得到电流。为了防止磁铁对检测电流的电流表的影响，他用了很长的导线把电表接到隔壁的房间里。他没有助手，只好把磁铁插到线圈中以后，再跑到隔壁房间去看电流表指针是否偏转。

现在看来，他的装置是完全正确的，实验的方法也是对头的。但是，他犯了一个实在令人遗憾的错误，这就是电表指针的偏转，只发生在磁铁插入线圈这一瞬间，一旦磁铁插进线圈后不动，电表指针又回到原来的位置。

所以，等他插好磁铁再赶紧跑到隔壁房间里去看电表，无论怎样快也看不到电表指针的偏转现象。要是他有个助手，要是他把电表放在同一个房间里，他就是第一个实现变机械力为电力的人了。但是，他失去了这个好机会。

又过了整整6年，到了1831年8月29日，英国科学家法拉第获得了成功，使机械力转变为电力。他的实验装置与科拉顿的实验装置并没有什么两样，只不过是他把电流表放在自己身边，在磁铁插入线圈的一瞬间，指针明显地发生了偏转。他成功了。手使磁铁运动的机械力终于转变成了使电荷移动的电力。

法拉第迈出了最艰难的一步，他不断研究，两个月后，试制了能产生稳恒电流的第一台真正的发电机，标志着人类从蒸汽时代进入了电气时代。

100多年来，相继出现了很多现代的发电形式，有风力发电、水力发电、火力发电、原子能发电、热发电、潮汐发电等等，发电机的构造日臻完善，效率也越来越高，但基本原理仍与

水力发电

法拉第的实验一样：少不了运动着的闭合导体，少不了磁铁。

电动机是把电能转换成机械能的设备，它是利用通电线圈在磁场中受力转动的现象制成，分布于各个用户处。电动机按使用电源不同分为直流电动机和交流电动机，电力系统中的电动机大部分是交流电机，可以是同步电机或者是异步电机（电机定子磁场转速与转子旋转转速不保持同步速）。电动机主要由定子与转子组成。通电导线在磁场中受力运动的方向跟电流方向和磁感线方向（磁场方向）有关。电动机工作原理是磁场对电流受力的作用，使电动机转动。

电动机的构造是同发电机的构造相似的，也是由磁铁系统、在磁性材料上绕有电流线圈的电枢和使电枢转动的转动机械构成。但电动机工作时，是从外部电源在电枢的电流线圈中通过电流，根据电动机作用原理，电枢便会受磁场作用而转动。

通常电动机的做功部分做旋转运动，这种电动机称为转子电动机；也有做直线运动的，称为直线电动机。电动机能提供的功率范围很大，从毫瓦级到万千瓦级。电动机的使用和控制非常方便，具有自起动、加速、制动、反转、掣住等能力，能满足各种运行要求；电动机的工作效率较高，又没有烟尘、气味，不污染环境，噪声也较小。由于它的一系列优点，所以在工农业生产、交通运输、国防、商业及家用电器、医疗电器设备等各方面广泛应用。

现在人们把美国科学家约瑟夫·亨利看成是电动机的创始人。

1799年，亨利出生在纽约州的奥尔巴尼。由于家境贫困，父母把他寄养在一位亲戚家中，他10岁时就在乡村的小店里做伙计。苦难的童年，只有他养的那只小白兔与他朝夕相处，给他带来一点欢乐。说来也真有趣，竟是这只小白兔引导他走上了一条新生活的道路。

约瑟夫·亨利

物理能量转换世界 WULI NENGLIANG ZHUANHUAN SHIJIE

一天，小白兔从笼子里跑出来了，亨利尾随后面紧追不舍，一直追进了教堂才将兔子逮住。这时他才注意到教堂里悄然无声，四周色彩斑斓的壁画和大量的藏书使他觉得这里是多么的神圣和肃穆。从此他经常到这里来读书。

有一天他读到了一本1808年伦敦出版的《格利戈里关于实验科学、天文学和化学讲集》，扉页上写道："你向空中扔一块石头或射出一支箭，为什么它不朝着你给予的方向一直向前飞去？"这个问题一下子把亨利给迷住了。他读完了这本书后就下决心献身于科学事业。

亨利在电学上有杰出的贡献。他发明了继电器（电报的雏形），比法拉第更早发现了电磁感应现象，但却没有及时去申请专利。只有对电动机的设想使他荣获了发明家的殊荣。他在1831年7月的《西门子》杂志上阐述了有关电动机的原理和构想。他说："这一原理——或者经过较大幅度地修改——应用于某种有益的用途，不是不可能的。"显然，他的话是太谨慎了。电动机具有十分广泛的用途，它开拓了电气化时代的新纪元。

1838年某天，俄罗斯中部涅瓦河的一个码头上，挤着不少人。有的人在搓手，有的人在呵气。这么冷的天气，他们在寒风里干什么？

"来了，来了。"人群中有人喊。大家朝上游方向眺望，只见灰蒙蒙的寒气之中，出现了一个黑影，原来是一艘机动船在慢慢地驶来。船渐渐近了。

大家看得清晰，船上坐着12位旅客，船尾的机舱边站着一个胖子，兴奋得满脸通红，还不住地向码头上的人群招手示意。此人就是船主雅可比。这小船上没有烟囱，不烧油、不烧煤，是用40部马达和320个大电池来驱动的，是世界上第一艘电机船。

雅可比生于德国波茨坦，曾在柏林大学读过书。后来他来到了俄国，成为彼得堡科学院院士。他研究了当时许多人发明的"玩具电动机"，认为这种电动机之所以没有实用价值是因为天然磁铁的磁场强度太小了。于是他利用电磁铁产生出强得多的磁场，

雅可比

从而使电动机向实用迈出了一大步。由于电动机不需要燃烧，不会产生污染，又有容易控制的特点，所以它的出现立即显示出巨大的生命力。

不过几年，形式各异的电动机层出不穷。英国技师大卫制成了电动双人座车；美国铁匠托马斯和法国的吉弗罗兰也先后申请了电动机专利。但这些电动机都必须用伏打电池来供电，这种电池供给的电流很小，又不耐用，使用起来显然是得不偿失。怎么办呢？这个看起来十分困难的问题却在一次偶然事件中获得了圆满的解决。

1873年维也纳国际博览会开幕了。当时欧洲各国的科技界和工商界都将最新的发明样品送去展览。数以千计的人从欧洲大陆各地赶到这"音乐之城"参观这个科学、工业、艺术和建筑的最新奇迹。而这次奇迹中的奇迹是展览会里发生了一次偶然事故。

一位工作人员因为疏忽把两台发电机连接了起来。这时一台发电机发出的电流，流进了第二台发电机的电枢线圈里。奇迹出现了，第二台发电机的电枢竟在这股电流的驱动下迅速地旋转起来。

在场的工程师们惊喜若狂。这许多年来连做梦都在寻觅的廉价能竟这样令人难以置信地找到了，只要用发电机提供的电力，就能使电动机运行起来。伏打电池现在可以退居二线了。工程师们在欣喜之余，立即动手搭建了一个新的表演厅，用一个小型的人工瀑布来驱动水力发电机，发电机发出的电流来带动电动机，电动机又带动小水泵来喷射泉水。

这个奇妙的实验，意义极为深远。它不仅告诉人们只要利用发电机发出的电力就可以驱使电动机旋转，从而代替人力和畜力做功。而且还说明用机械能驱使发电机发出的电能，可以通过传输线传递到很远的地方去，并通过电动机再重新变为机械能，从而实现了能量的远距离传递和转化，开创了一个崭新的时代——电气化时代。

现在，电动机的家族中，不仅有直流电动机、交流电动机和各种各样的旋转式电动机，还制成了能沿直线前进的直线电动机。直线电动机在电磁力的作用下可以沿直线运动。磁悬浮列车就是用直线电动机驱动的。另外，它还可用于电气锤、电磁搅拌和各种传送系统中。目前，我国的直线电动机正得到逐步的

电动机

推广和应用。

随着生产和科技的发展，电动机家族"人丁兴旺"，必将有更多的新成员涌现出来。

知识点

电气时代

18世纪60年代人类开始了第一次工业革命，并创造了巨大的生产力，人类进入"蒸汽时代"。100多年后人类社会生产力发展又有一次重大飞跃。人们把这次变革叫做"第二次工业革命"，今天所使用的电灯、电话都是在这次变革中被发明出来的，人类由此进入"电气时代"。

在这一时期里，一些发达资本主义国家的工业总产值超过了农业总产值；工业重心由轻纺工业转为重工业，出现了电气、化工、石油等新兴工业部门。

由于19世纪70年代以后发电机、电动机相继发明，远距离输电技术的出现，电气工业迅速发展起来，电力在生产和生活中得到广泛的应用。

内燃机的出现及19世纪90年代以后的广泛应用，为汽车和飞机工业的发展提供了可能，也推动了石油工业的发展。

化学工业是这一时期新出现的工业部门，从19世纪80年代起，人们开始从煤炭中提炼氨、苯、人造燃料等化学产品，塑料、绝缘物质、人造纤维、无烟火药也相继发明并投入了生产和使用。原有的工业部门如冶金、造船、机器制造以及交通运输、电讯等部门的技术革新加速进行。

延伸阅读

发电机的分类

发电机分为直流发电机和交流发电机两大类。后者又可分为同步发电机和异步发电机两种。

现代发电站中最常用的是同步发电机。这种发电机的特点是由直流电励磁，既能提供有功功率，也能提供无功功率，可满足各种负载的需要。

异步发电机由于没有独立的励磁绕组，其结构简单，操作方便，但是不能向负载提供无功功率，而且还需要从所接电网中汲取滞后的磁化电流。因此异步发电机运行时必须与其他同步电机并联，或者并接相当数量的电容器。这限制了异步发电机的应用范围，只能较多地应用于小型自动化水电站。

城市电车、电解、电化学等行业所用的直流电源，在20世纪50年代以前多采用直流发电机。但是直流发电机有换向器，结构复杂，制造费时，价格较贵，且易出故障，维护困难，效率也不如交流发电机。故大功率可控整流器问世以来，有利用交流电源经半导体整流获得直流电以取代直流发电机的趋势。

柴油发电机

同步发电机按所用原动机的不同分为汽轮发电机、水轮发电机、柴油发电机、风力发电机4种。它们结构上的共同点是除了小型电机有用永久磁铁产生磁场以外，一般的磁场都是由通直流电的励磁线圈产生，而且励磁线圈放在转子上，电枢绕组放在定子上。因为励磁线圈的电压较低，功率较小，又只有两个出线头，容易通过滑环引出；而电枢绕组电压较高，功率又大，多用三相绕组，有3个或4个引出头，放在定子上比较方便。

发电机的电枢（定子）铁芯用硅钢片叠成，以减少损耗。转子铁芯由于通过的磁通不变，可以用整体的钢块制成。在大型电机中，由于转子承受着强大的离心力，制造转子的材料必须选用优质钢材。

电磁铁的应用

磁铁，顾名思义，是一种可以把铁一类金属吸起来的一种物体。电磁铁可比磁铁更有用，因为它不只可以把铁这种元素吸起来，还可以把镍、钢等金属吸起来。那电磁铁是一种什么东西呢？

内部带有铁芯的、利用通有电流的线圈使其像磁铁一样具有磁性的装置叫做电磁铁，通常制成条形或蹄形。

电磁铁主要由线圈、铁芯及衔铁3部分组成，铁芯和衔铁一般用软磁材料制成。铁芯一般是静止的，线圈总是装在铁芯上。开关电器的电磁铁的衔铁上还装有弹簧。当线圈通电后，铁芯和衔铁被磁化，成为极性相反的两块磁铁，它们之间产生电磁吸力。当吸力大于弹簧的反作用力时，衔铁开始向着铁芯方向运动；当线圈中的电流小于某一定值或中断供电时，电磁吸力小于弹簧的反作用力，衔铁将在反作用力的作用下返回原来的释放位置。

电磁铁有许多优点：电磁铁磁性的有无，可以用通、断电流控制；磁性的大小可以用电流的强弱或线圈的匝数来控制。

吸盘式电磁铁

电磁铁在日常生活中有极其广泛的应用。电磁铁是电流磁效应（电生磁）的一个应用，与生活联系紧密，如电磁继电器、电磁起重机、磁悬浮列车等。

1822年，法国物理学家阿拉戈和吕萨克发现，当电流通过其中有铁块的绕线时，它能使绕线中的铁块磁化。这实际上是电磁铁原理的最初发现。

1823年，斯特金也做了一次类似的实验：他在一根并非是磁铁棒的U形铁棒上绕了18圈铜裸线，当铜线与伏打电池接通时，绕在U形铁棒上的铜线圈即产生了密集的磁场，这样就使U形铁棒变成了一块"电磁铁"。这种电磁铁上的磁能要比永磁能放大多倍，它能吸起比它重20倍的铁块；而当电源切断后，U形铁棒就什么铁块也吸不住，重新成为一根普通的铁棒。

斯特金的电磁铁发明，使人们看到了把电能转化为磁能的光明前景。这一发明很快在英国、美国以及西欧一些沿海国家传播开来。

1829 年，美国电学家亨利对斯特金电磁铁装置进行了一些革新，绝缘导线代替裸铜导线，因此不必担心被铜导线过分靠近而短路。由于导线有了绝缘层，就可以将它们一圈圈地紧紧地绕在一起，由于线圈越密集，产生的磁场就越强，这样就大大提高了把电能转化为磁能的能力。

到了 1831 年，亨利试制出了一块更新的电磁铁，虽然它的体积并不大，但它能吸起 1 吨重的铁块。

在现代社会中电磁铁有着极其广泛的应用，我们日常生活和生产中用到的电风扇、吸尘器、电铃、吹风机、抽水机、洗衣机、果汁机、搅拌机、电冰箱、冷气机、割草机等等无一不是利用了电磁铁的原理。

电铃、电动机（马达）、电话等，都利用电磁铁产生动作。

电铃的构造包含几个主要的设计：①电磁铁；②弹簧片。

当电路接通电源时，电磁铁通电，对簧片产生吸引力，簧片向磁铁运动时，锤头敲击电铃发出声音，与此同时，动片和静片接触。

当电路呈断路状态时，电磁铁失去磁性，簧片不受吸引力，会在弹力作用下自动弹回原处，动片与静片脱离接触，电流重新经过电磁铁形成回路。电磁铁又开始工作吸引簧片，锤头再次敲击铃铛。

电　铃

周而复始，电铃不断地被敲响。

录音带可以把声音录下来，计算机的硬盘可以把数据记录下来，这些都是利用磁头的电磁铁改变录音带和磁盘上磁性物质的性质而达到这些效果的。

录音机的出现，最早可追溯至 1877 年美国发明大王爱迪生发明留声机。爱迪生将声波变换成金属针的振动，并刻录于锡箔上，利用锡箔与金属针实现了录音。1896 年，丹麦的年轻电机工程师波尔森将声波转为电流，再转换为磁力，并把磁力保存在钢丝线上，实现了磁力录音，并于 1898 年获得专利。但是录音机的真正流行还是在发明磁带以后。1935 年德国科学家福劳耶玛发明了磁带，在醋酸盐带基涂上氧化铁，正式替代了钢丝。1962 年荷兰飞利浦

公司发明盒式磁带录音机。

扬声器应用了电磁铁来把电流转化为声音。

扬声器又称"喇叭",是一种十分常用的电声换能器件,它将声音电信号转换成声音。扬声器发声是靠通过以交变电流信号的线圈产生交变磁场,吸引或排斥磁铁,引起振膜、纸盆振动,再通过空气介质传播声音。

扬声器

扬声器同时运用了电磁铁和永久磁铁。假设现在要播放C调(频率为256赫,即每秒振动256次),唱机就会输出256赫的交流电。换句话说,在1秒钟内电流的方向会改变256次。

每一次电流改变方向时,电磁铁上的线圈所产生的磁场方向也会随之改变。我们都知道,磁力是"同极相斥,异极相吸"的,线圈的磁极不停地改变,与永久磁铁一时相吸,一时相斥,产生了每秒钟256次的振动。线圈与一个薄膜相连,当薄膜与线圈一起振动时,便推动了周围的空气。振动的空气,不就是声音吗?这就是扬声器的工作原理了。

电磁铁除了可以将电转换成磁力,还可以将磁力的变化转换成电力。在同一根铁芯上,用两组线圈做两个电磁铁,其中一个输入交流电(电流方向会不断变化的电),另一组电磁铁的两端就会有电压输出。输出电压的大小与线圈圈数有关,圈数越多,电压越高。利用这样的原理可以制造提高或降低电压的各种变压器。

变压器是一种常见的电气设备,可用来把某种数值的交变电压变换为同频率的另一数值的交变电压,也可以改变交流电的数值及变换阻抗或改变相位。

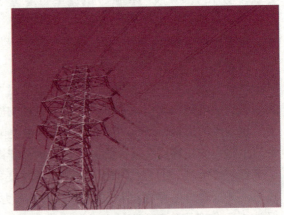

高压输电

对于发电厂来说，采用的电压越高，则输电线路中的电流越小，因而可以减少输电线路上的损耗，节约导电材料。所以远距离输电采用高电压是最为经济的。

目前，我国交流输电的电压最高已达 500 千伏。这样高的电压，无论从发电机的安全运行方面或是从制造成本方面考虑，都不允许由发电机直接生产。因此必须用升压变压器将电压升高才能远距离输送。电能输送到用电区域后，为了适应用电设备的电压要求，还需通过各级变电站（所）利用变压器将电压降低为各类电器所需要的电压值。

知识点

变电站

变电站是把一些设备组装起来，用以切断或接通、改变或者调整电压，在电力系统中，变电站是输电和配电的集结点，变电站主要分为：升压变电站、主网变电站、二次变电站和配电站。

变电站起变换电压作用的设备是变压器，除此之外，变电站的设备还有开闭电路的开关设备，汇集电流的母线，计量和控制用互感器、仪表、继电保护装置和防雷保护装置、调度通信装置等，有的变电站还有无功补偿设备。变电站的主要设备和连接方式，按其功能不同而有差异。

变压器

变压器是变电站的主要设备，分为双绕组变压器、三绕组变压器和自耦变压器即高、低压每相共用一个绕组，从高压绕组中间抽出一个头作为低压绕组的出线的变压器。电压高低与绕组匝数成正比，电流则与绕组匝数成反比。

变压器按其作用可分为升压变压器和降压变压器，前者用于电力系统送端变电站，后者用于受端变电站。

磁铁的种类

磁铁的种类很多，一般分为硬（永）磁体（磁性保持较长时间或永久）和软磁体（较短时间内有磁性）两大类，我们所说的磁铁，一般都是指永磁磁铁。

永磁磁铁又分两大分类：

第一大类是金属合金磁铁，包括钕铁硼磁铁、钐钴磁铁、铝镍钴磁铁。

第二大类是：铁氧体永磁材料。

1. 钕铁硼磁铁：它是目前发现商品化性能最高的磁铁，被人们称为磁王。工作温度最高可达200℃。而且其质地坚硬，性能稳定，有很好的性价比，故其应用极其广泛。

2. 铁氧体磁铁：它通过陶瓷工艺法制造而成，质地比较硬，属脆性材料，由于铁氧体磁铁有很好的耐温性、价格低廉、性能适中，已成为应用最为广泛的永磁体。

3. 铝镍钴磁铁：是由铝、镍、钴、铁和其他微量金属元素构成的一种合金。铸造工艺可以加工生产成不同的尺寸和形状，可加工性很好。铸铝镍钴永磁产品广泛应用于各种仪器仪表和其他应用领域。

4. 钐钴磁铁，由于其材料价格昂贵而使其发展受到限制。钐钴作为稀土永磁铁，有着可靠的矫顽力和良好的温度特性。与钕铁硼磁铁相比，钐钴磁铁更适合工作在高温环境中。

走向大众的交流电

交流电即交变电流,是大小和方向都随时间做周期性变化的电流。交流电是用交流发电机发出的,在发电过程中,多对磁极是按一定的角度均匀分布在一个圆周上,使得发电过程中,各个线圈就切割磁力线,由于具有多对磁极,每对磁极产生的磁力线被切割产生的电压、电流都是按正弦规律变化的,所以能够不断地产生稳定的电流。

交流电的频率(交流电的电流强度与方向具有周期性和规律的变化,这个变化称为频率)一般是50赫兹,即每秒变化50次。当然也有其他频率。如电子线路中有方波的、三角形的等,但这些波形的交流电不是导体切割磁力线产生的,而是电容充放电、开关晶体管工作时产生的。

发电厂的发电机是利用动力使发电机中的线圈运转,每转180°发电机输出电流的方向就会变换一次,因此电流的大小也会随时间做规律性的变化,此种电源就称为"交流电源"。简记为AC。

电网公司一般使用交流电方式送电,但高压直流电用于远距离大功率输电、海底电缆输电、非同步的交流系统之间的联络等。

交流发电机

从用途上说,直流电、交流电各有优点,有些场合适宜用交流电,有些场合非用直流电不可。

把交流电变成机械能的机器,叫做交流电动机。这种机器结构简单,容易制造,也比较耐用,转速也很稳定,因此用途极广。工厂里许多机床都是用交流电动机来驱动的,农村里常用的脱粒机、碾米机、抽水机等等,都要用到交流电动机。交流电的发电费用也比直流电便宜,因此,人们照明、取暖一般也都用交流电。

与交流电相对的是直流电,简称DC,其是由正极、经导线、负载、回

铅蓄电池

到负极，通路中电流的方向始终不变，又称恒定电流。我们日常生活中所用的干电池、铅蓄电池等都属于直流电源。

直流电通常又分为脉动直流电和稳恒电流。脉动直流电中有交流成分，如彩电中的电源电路中大约300伏的电压就是脉动直流电成分，可通过电容去除。稳恒电流则是比较理想的，大小和方向都不变。

直流电主要应用于各种电子仪器、电解、电镀、直流电力拖动等方面。利用直流电，还可以进行水的电解实验。将负极插入水中，可以使水电解为氢气，正极则使水电解为氧气。在电力传输上，19世纪80年代以后，由于不便于将直流电低电压升至高电压进行远距离传输，直流输电曾让位于交流输电。20世纪60年代以来，由于采用高电压、大功率变流器将直流电变为交流电，直流输电系统又重新受到重视并获得新的发展。

交流电与直流电的电功能是相同的，但是流动方向却不同。

在物理学发展史上，曾经有过一场关于使用"交流电"还是使用"直流电"的激烈的争论。提倡使用"直流电"的代表人物是大名鼎鼎的发明家爱迪生；主张改用"交流电"的代表人物则是比爱迪生小9岁的后起之秀特斯拉。

1879年，爱迪生发明了白炽灯。这项划时代的发明，不仅让爱迪生享誉世界，而且也给他的企业带来了巨大的利润。但不得不承认，爱迪生的直流电照明系统存在着明显的局限性，那就是由于功效不足而无法实现远距离传输。

而此时，特斯拉，这位优秀的塞尔维亚工程师正痴迷于交流电的研究，他发现使用交流电作动力能够有效地解决功效不足的问题，而且已于1883年发明了第一台小型交流电动机。如果爱迪生能禀承特斯拉的合作意愿，恐怕这两个人物的历史都将改写。可此时的爱迪生对特斯拉的理论和设想不屑一顾，固执地认为由他制造的直流电照明系统已经足够使用了，实在不行可以每隔1千米建造1座发电站。

爱迪生

有一次，特斯拉同爱迪生谈论起发电机的几种潜在的改进可能，爱迪生轻蔑地说："如果你能做成，付你5万美元。"

不服输的特斯拉夜以继日地工作，只用了几个月的时间就研制出了20多个新直流电发电机。随后，将信将疑的爱迪生对这些新型发电机逐一地进行了反复实验，效果都非常好。爱迪生无言了，立刻为这些发电机申请注册了专利权，用它们代替了那些老式机器。当特斯拉向爱迪生索取自己应得的那5万美元的报酬时，爱迪生却回答说："特斯拉，你不知道我们美国人爱开玩笑吗？"这件事让特斯拉感到极度失望和厌倦，他忍无可忍，愤然辞职而去。

离开爱迪生之后，特斯拉得到了乔治·威斯汀豪斯的支持，终于将交流电引向实际应用。

1888年，特斯拉成功地建成了一个交流电电力传送系统。他设计的发电机比直流发电机简单、灵便，而他的变压器又解决了长途送电中的固有问题。这无疑大大打击了爱迪生大力推广的直流电。因为当时爱迪生在直流发电机上的收入颇丰，而且在那上面投入的研究经费也很巨大，使他不能自拔。

虽然爱迪生也意识到了直流电已经过时，但巨大的损失和执拗的本性让他完全失去了理智。在19世纪末，公众对电力还怀有畏惧心理，所以，宣传高压的危险，成为爱迪生搅乱公众头脑最有效的办法。

于是，爱迪生发行了一本题为《当心》的小册子，书中详细地列举了交流电的所谓种种危险，并把交流电的使用令人难以置信地描述为"枉费心机"。

爱迪生还在《北美周刊》发表了一篇题为《电灯之危险》的文章，攻击交流电的使用。他说："与我保持联系的一家电灯公司前些时候购下了一整套交流电系统的专利。对此，我表示抗议，内容都记在了公司的备忘录上。迄今，我已成功地说服他们不向公众推广这种系统。今天即使是我同意推广，他们也不会这样做。"

爱迪生除了在舆论上压倒对方以外，为了证明自己的论点，还专门建立起一座巨大的试验室，用各种动物做实验，小到猫狗，大到大象，残忍地将它们置于高压交流电下电死。

爱迪生还疏通了纽约州监狱的官员，让他们答应将绞刑改为电刑，即改用特斯拉专利所提供的交流电的电刑。1890年8月6日，一名杀人犯威廉·凯姆勒在奥本坐上交流电椅，一开始由于没有经验，当局所使用的电荷太弱，犯人只被电得半死，后来加强了电荷，犯人的后脊背一下子就冒了烟，痛苦地死去。据当时媒体报道，这种恐怖的景象，比绞刑可怕得多。从此，交流电在许多人的心目中引起了恐惧，变成了死神的同义语。

面对爱迪生的一连串攻击，特斯拉并没有被吓倒。为了改变公众对交流电的印象，特斯拉决定用自己的身体做实验。在1893年芝加哥世界博览会的记者招待会上，特斯拉用电流通过自己的身体，点亮了电灯，甚至还熔化了电线，使在场的记者一个个惊讶得目瞪口呆。特斯拉意在告知世人，当不被用在故意犯罪上时，交流电是非常安全的。再加上交流电在一些大型项目上的成功应用，如1895年尼亚加拉大瀑布交

特斯拉

流发电站的建成，彻底改变了公众对交流电的看法，使世界步入了交流电时代。爱迪生本人也不得不接受这个残酷的现实。

现代文明和现代工业的所有方方面面，都可以连接到交流发电和它的供电系统。从空调、家用电器到软饮料生产线，多相交流电机成了我们生产和生活中不可或缺的助手。然而由于种种原因，尼古拉·特斯拉的名字却一直被人遗忘，甚至一直未受到应有的平反。这不得不说是科学技术史上的一大遗憾。

 知识点

电 容

电容器通常简称其为电容，用字母C表示。顾名思义，是"装电的容器"，是一种容纳电荷的器件。

电容是电子设备中大量使用的电子元件之一，广泛应用于电路中的隔直通交、耦合、旁路、滤波、调谐回路、能量转换、控制等方面。

充电和放电是电容器的基本功能。

电容器

使电容器带电（储存电荷和电能）的过程称为充电。这时电容器的两个极板总是一个极板带正电，另一个极板带等量的负电。把电容器的一个极板接电源（如电池组）的正极，另一个极板接电源的负极，两个极板就分别带上了等量的异种电荷。充电后电容器的两极板之间就有了电场，充电过程把从电源获得的电能储存在电容器中。

使充电后的电容器失去电荷（释放电荷和电能）的过程称为放电。例如，用一根导线把电容器的两极接通，两极上的电荷互相中和，电容器就会放出电荷和电能。放电后电容器的两极板之间的电场消失，电能转化为其他形式的能。

延伸阅读

用途广泛的直流电

对于直流电，我们比较生疏，但是它的用处也很大。

直流电流动的方向不变，因此，用它来发动的直流电动机，转速可以任意调节。这是一个很重要、很有用的优点。

例如电车，就必须用直流电来开动。电车在爬坡的时候，要用很大的力气，这时候直流电机的转速就会减慢，力气就加大，好把电车送上坡。而在下坡的时候，直流电机就会加快转速，减小力气。

要是用交流电来开电车，这种车就不适宜乘坐。因为交流电动机的转速是固定的，一通电，马上就全速转动，没有由慢到快的过程；一断电，马上就停止转动，没有由快到慢的过程。坐在这种电车里的乘客，在车子一开一停的时候，互相撞来撞去，非摔得鼻青脸肿不可。所以，电车无论如何不能采用交流电动机。

不光是电车，矿山里的卷扬机和升降机、高层建筑里的电梯、货轮上的电动吊车等等，大都得用直流电。

卷扬机

另外，电话也必须用直流电。如果用交流电，我们就没法通话。因为交流电会发出嗡嗡的杂音，无法让我们听清对方的声音。

无线电通信中的收发报机、扩音机、收音机、雷达等等都必须用直流电；电子计算机也必须使用直流电。因为这些设备都要求电子按照人们所规定的方向、用一定的能量去工作。因此，现代电子技术都需要用直流电作为工作电源。从这个意义上来说，直流电的用途绝不比交流电小，它有着自己的广阔天地。

趋磁细菌的应用

趋磁细菌，也称磁性细菌，是生长在盐碱沼泽地的沉积泥里，总是顺着地磁场磁力线的方向向北运动的一种细菌。当科学家用外加磁场来影响它时，细菌就会随之改变行进的方向。

麻省理工学院的理查德教授发现这种细菌体内含的磁铁成分比一般细菌高10倍。在电子显微镜下，细菌体内的磁性小颗粒，有规则地排成列，每一列长0.5微米，犹如一串珠子，行列的前端指向地磁S极，另一端位于鞭毛，鞭毛摆动时，细菌就向北方前进。方位很准，以致大家都叫它"活的指南针"。

这一奇特现象引起了许多研究者的关注。对这种后来称为趋磁细菌的大量的观测和研究取得了许多重要的结果。

1. 分别在北半球的美国、南半球的新西兰和赤道附近的巴西对这种趋磁细菌的观测研究表明，这种趋磁细菌在北半球是沿着地球磁场方向朝北和水下游动，而在南半球却是逆着地球磁场方向朝南和水下游动，但在赤道附近则既有朝北游动的，也有朝南游动的。

2. 由细菌体分析研究表明，在这种长条形细菌体中，沿长条轴线排列着大约20颗细黑粒。这些细黑粒是直径约50纳米的强磁性四氧化三铁。

3. 将这种细菌在不含铁的培养液中培养几代后，其后代体内便不再含有四氧化三铁细粒，同时也不再具有沿地球磁场游动的向磁性了。

总之，这些观察、实验和研究表明，趋磁细菌所表现的沿地球磁场游动的特性是同细菌体内所含的强磁性四氧化三铁（也可称为铁的铁氧体）分不开的。

如果进一步再问:为什么这些强磁性铁氧体颗粒的直径总是在 50 纳米左右,而不是更粗或者更细的颗粒?为什么这些趋磁细菌在地球北半球和南半球的游动方向会分别向北和向南?目前的研究是这样说明的:

这种强磁性铁氧体(四氧化三铁)颗粒在 50 纳米附近正好形成单磁畴结构,可得到最佳的强磁性。如果颗粒太粗,会形成多磁畴结构;而如果颗粒太细,又会产生超顺磁性,都会使其强磁性减弱。这种趋磁细菌在地球北半球和南半球的游动方向分别向北和向南,是因为这种趋磁细菌是一种厌氧性细菌,这样沿地球磁场游动都正好离开海洋表面而游向少氧的海面下,而且在这样海面下也正是养料较为丰富的区域。不过这些解释是还需要进一步观察、实验和研究的。

这种在大约 30 亿年前已存在的细菌,具有本能测知地球磁场的特性,因此能在汪洋大海中随处遨游而不迷失方向。这些细菌在高倍率电子显微镜的镜头下,显示出一长列整齐组装的单晶磁铁颗粒,借由细菌的蛋白质连结在一起而产生一磁性偶极矩,因而能与地球的磁场感应而定出方向。

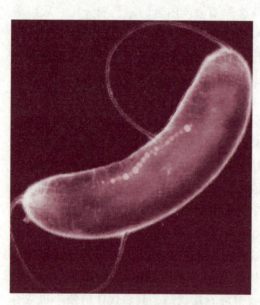

趋磁细菌

趋磁细菌形态和生境多样,不是一个独立的分类学范畴,分属不同的分类单元。通过对许多得到纯培养和未得到纯培养的趋磁细菌的 16sRNA 序列进行对比分析发现,趋磁细菌从系统进化上和细菌域 4 个主要特定类群相关,分别属于变形菌门的 α 变形菌、δ 变形菌纲、γ 变形菌纲和硝化螺旋菌门。新版《伯杰细菌分类手册》将其分为两属:"趋磁水生螺旋菌属"和"双丛球菌属"。

早在 1991 年,日本学者就预计趋磁细菌的磁小体在未来的 10 年中将是高新技术应用中的一种新的生物资源。小尺寸的超微颗粒磁性与大块材料显著的不同,大块的纯铁矫顽力约为 80 安/米,而当颗粒尺寸减小到 2×10^{-2} 微米以下时,其矫顽力可增加

1 000倍，若进一步减小其尺寸，大约小于6×10^{-3}微米时，其矫顽力反而降低到零，呈现出超顺磁性。

利用磁性超微颗粒具有高矫顽力的特性，已作成高贮存密度的磁记录磁粉，大量应用于磁带、磁盘、磁卡以及磁性钥匙等。利用超顺磁性，人们已将磁性超微颗粒制成用途广泛的磁性液体。

同样在医疗领域，目前也普遍认为趋磁细菌有一定的实用前景，包括生产磁性定向药物或抗体，以及制造生物传感器等。

趋磁细菌的应用前景

1. 在重金属废水处理中的应用前景

趋磁细菌体内含有的磁小体，在磁场下很容易被去除，而且是一种对重金属有着很强吸附性的细菌。一些重金属如铁、镍等还能被趋磁细菌吸收并用于自身的繁殖。自被发现以来，国外就开始了利用趋磁细菌处理重金属废水的研究。研究发现，在利用趋磁细菌处理重金属的过程中，只要让废水流过一个固定的磁场，就可以将重金属去除，不需要额外的动力，也不需要加入其他的药品。因此，在经济上具有其他方法无法比拟的优点，尤其在能源紧缺的现实社会，随着人们节能意识的增强，这种方法有着光明的应用前景。

2. 在生物导航方面的应用前景

趋磁细菌的研究对生物磁学和仿生学研究具有重要意义。由于生活在地球上的生物总是要受到地磁场的影响，并对这种影响表现出一定的反应，如磁场导向作用。研究发现，许多生物，从低等的软体动物甲贝到家鸽和蜜蜂，甚至在人的大脑细胞中都发现了磁性颗粒的存在。目前已经有许多对信鸽、海龟导航的研究，也验证了这些生物的飞行或迁徙行为是由于体内的磁铁矿晶体对地磁场产生反应的结果，当磁铁矿晶体在外加短促的强磁场下改变了磁化状态，这些生物的导航也就发生了变化。趋磁细菌由于具有结构简单、在自然界中大量存在等优点，极有可能作为一种模式材料，用来了解生物体中存在磁性颗粒的功能和机理。也可为仿生学研究提供理论依据，使之能在工程技术上加以模拟和仿制，特别是它对细微的地磁场也能产生响应，从而可以在导航及定向等高新技术领域里加以应用。因此，趋磁细菌沿地磁场磁力线迁移的能力可作为一种模式来研究地磁场对生物系统的影响。

3. 在医学上的应用前景

在医学上的应用主要包括：制造磁性细胞和磁分离技术、生物传感技术与检测、肿瘤热疗、基因诊断与治疗等。

4. 在地质学研究方面的应用

地质学的一个重要研究内容是探明地磁场及铁矿石的形成原因，趋磁细菌的发现和研究将为这一研究领域开辟一条新的思路。

趋磁细菌从环境中吸收铁，并通过生物矿化作用将其转化成磁铁颗粒，菌体死亡后磁小体变为化石保存在沉积物中，构成沉积物的稳定剩磁的主要载体。趋磁细菌的发现促使科学家更深入地探讨生物成矿的机理。

磁小体链保存在沉积物中，可记录古地磁方向，为研究当时的地球物理化学环境和地磁方向提供了重要的信息。

因此，趋磁细菌磁小体的形成和磁学性质研究，不仅有助于揭示生物矿化作用过程，探讨生物感应地磁场变化的机理，也是古地磁学、岩石磁学和环境磁学的重要研究内容，特别是对深入认识沉积物中细粒磁性矿物的来源和准确解释过去环境变化有非常大的借鉴意义。

知识点

生物传感器

生物传感器是对生物物质敏感并将其浓度转换为电信号进行检测的仪器。是由固定化的生物敏感材料作识别元件（包括酶、抗体、抗原、微生物、细胞、组织、核酸等生物活性物质）与适当的理化换能器（如氧电极、光敏管、场效应管、压电晶体等等）及信号放大装置构成的分析工具或系统。生物传感器具有接收器与转换器的功能。

延伸阅读

趋磁细菌的发现

首先发现趋磁细菌的是意大利 Pavia 大学微生物研究所的医学博士 Salvatore Bellini。1958 年，他在检测水样中的病原菌时偶然发现了细菌的趋磁性，并于 1963 年写了两篇关于细菌趋磁性的文章准备发表，但由于各种原因没有发表成功。

12 年后的 1975 年，美国人 Blakemore 首先在《科学》上报道了趋磁细菌，他是在研究海洋底部污泥中的螺旋菌时，意外发现了一类细菌总是聚集在显微镜视野液滴的靠北部边缘。通过进一步研究，证实这类细菌运动方向能随着外加磁场极性的改变而改变，他将这类细菌定名为趋磁细菌。

随后，科学家相继从南半球、北半球和赤道附近的海水、湖泊、池塘、沼泽甚至土壤中检测或分离到多种类型的趋磁细菌。因此，有关趋磁细菌后续研究都源于 1975 年 Blakemore 的有关趋磁细菌的报道。

电磁波的功与过
DIANCIBO DE GONG YU GUO

电磁波，又称电磁辐射，是电磁场的一种运动形态。因电磁的变动就如同微风轻拂水面产生水波一般，因此被称为电磁波，也常称为电波。电磁波传播方向垂直于电场与磁场构成的平面，能有效地传递能量和动量。

电磁辐射可以按照频率分类，从低频率到高频率，包括有无线电波、微波、红外线、可见光、紫外光、X射线和γ射线等等。

在我们的日常生活里，电磁波起着巨大的作用。它为人类做了数不清的好事，但其带来的危害也不容小视。

电磁波大家族

我们知道，导线里有电流通过的时候，它就能够产生电场和磁场。电场和磁场是互相依存、互相交替的：变化的电场在其附近产生变化的磁场，这个变化的磁场又在其附近产生新的变化的电场，新的变化的电场再在其附近产生新的变化的磁场……这样没完没了地交变下去，就越来越往外扩散，越传越远了。这个情况就好像一块小石头在池塘中激起的水波一样，不断地向周围扩散。因为它是电场和磁场交替变化而成的，所以科学家给它起个名字叫电磁波。

电磁波的功与过

电磁波是一种极其奇妙的物质，我们用眼睛看不见，用耳朵听不到，用手摸不着，但是它又像别的物质一样，具有能量、动量和质量，能为我们做许多许多事情。

电磁波的运动方式，就跟把石头扔进池塘所激起的水波一样，是一圈圈波浪起伏的同心圆，高处叫波峰，低处叫波谷。两个相邻的波峰（或波谷）之间的距离叫波长。

实际上，电磁波是一个十分庞大的家族，它们是按波长的大小由许多神通广大的成员组成的。

1. 无线电波。它除了担任通信任务，帮助人们传递信息，还能为飞机和轮船导航，操纵火箭的发射和卫星的运行。

2. 红外线。现在人们使用的红外线加热器，就是利用它来给人们带来能量的。人们还制成了红外线瞄准仪，狙击敌人时百发百中。

3. 可见光。可见光如同一个美丽的姑娘，身着七彩衣，但平时却是无色的，只有在三棱镜下才羞涩地露出它的真面目——它就是光了。

红外线瞄准仪

4. 紫外线。紫外线是保护人类健康的卫士，可以杀菌消毒。阳光中就含有紫外线，人们常常进行日光浴来清洁皮肤。

5. X射线。因为它是德国物理学家伦琴发现的，所以也叫伦琴射线。它有一个"火眼金睛"，能透视人体的骨骼、内脏，察知隐患，报告病情，是医生手中的锐利武器。

6. γ射线。1898年居里夫妇发现了镭以后才发现的，其本领很大，不但能穿透厚厚的铅板，还能杀死可恶的癌细胞。

这个家族的六兄弟，除了老三可见光，都是人类肉眼看不见的。起先，它们在自然界里一个个都隐藏得很好，并且还偷偷地帮助人类干活，譬如帮助我们把潮湿的衣服弄干，让我们能够欣赏这五光十色的美丽的世界；使各种植物能够生长。人们有时也都觉得奇怪，并感到有谁在暗暗帮助我们，总想把它们找出来。随着电学和其他科学的发展，终于一个个找到了它们，熟悉了它们。

它们也就成了人类的忠实的助手。

另外，无线电波也是个大家庭，科学家们根据它们的身长——波长，给它们起了不同的名字，比如超长波、长波、中波、短波、超短波等等。科学家们根据它们的特性量才而用，让它们去完成不同的通信任务。

超长波和长波具有较强的绕射本领，它们在地面上进行远距离赛跑时，可以迈开"长腿"，轻而易举地翻山越岭，跨过任何障碍，把人们所需的信息送到很远的地方。如果让它们沿着海面传播，由于海水的导电性能很好，"体力"消耗要少得多。所以人们用长波做远距离导航和越洋通信。

但是发射这种长波需要很大的能量，所以，发射台和无线台的体积和重量都很大，用作移动通信是不合适的。短波只会向前直闯，沿地面跑时，没过多远就消失得无影无踪了，不可能作远距离传输，但它却能跳跃式地传播到很远的地方。它所借助的跳板是电离层。电离层有种古怪的脾气，它能吸收电波，波长越长的电波越容易被吃掉，而短波却能被它反射回来，一上一下地继续前进。

从短波的传播特性来看，只要选择合适的波长，即使是发射功率很小的电台，也有可能通达很远的地方，因此它的设备简单，灵活机动。小小的无线电台，就可以深入敌后，随时与远方的总部联络，报告敌情，给敌人以有力的打击。军事上用的都是短波电台。短波电台还用于海上航行的船只进行远距离的移动通信。

老式无线电台

超短波的波长在1~10米之间，它在地面上行走时损耗很大，传不了多远就消耗完了。如果往天上走，它会穿出电离层，再也不回地球了。它的绕射本领极差，连房子也会把它挡住。因此，只能利用它在地球上互相看得见的两点之间进行视距通信了。手持无线电话、汽车电话等，使用的就是超短波。

既然超短波只能沿直线传播，为什么我们在室内、大楼后面那些看不见对方的地方，也能使用无线电话呢？原来超短波很容易被反射，我们使用无线电话时接收的电磁波通常不是由对方天线直接发出的，而是经过许多障碍物的反射才到达我们的接收天线的。

微波是电磁波家族中比较年轻的成员。"年龄"大约50多岁,但可谓"神通广大"。微波是指波长从1米到1毫米的电磁波段,其频率远比人们熟悉的短波和超短波的频率要高,而且微波段中可用于通信的频带也相当宽,甚至比无线电波整个波段中的其他几个可用于通信的波段的总和还要宽上千倍。

因此,微波能容纳的信息量特别大。它还可以穿过电离层利用通信卫星进行传输,为雷达、地面微波中继通信和卫星通信开辟了广阔的前景。

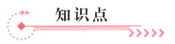

能量、动量和质量

能量:度量物质运动的一种物理量。相应于不同形式的运动,能量分为机械能、分子内能、电能、化学能、原子能等。亦简称能。

在经典力学中,动量表示为物体的质量和速度的乘积,是与物体的质量和速度相关的物理量,指的是这个物体在它运动方向上保持运动的趋势。动量也是矢量,它的方向与速度的方向相同。

物体含有物质的多少叫质量。质量不随物体的形状和空间位置的改变而改变,是物质的基本属性之一,通常用 m 表示。在国际单位制中质量的单位是千克。

什么是波

波动是物质运动的重要形式,广泛存在于自然界。被传递的物理量扰动或振动有多种形式,机械振动的传递构成机械波,电磁场振动的传递构成电磁波(包括光波),温度变化的传递构成温度波,晶体点阵振动的传递构成点阵波,自旋磁矩的扰动在铁磁体内传播时形成自旋波,实际上任何一个宏观的或微观的物理量所受扰动在空间传递时都可形成波。

各种形式的波的共同特征是具有周期性。受扰动物理量变化时具有时间周期性，即同一点的物理量在经过一个周期后完全恢复为原来的值；在空间传递时又具有空间周期性，即沿波的传播方向经过某一空间距离后会出现同一振动状态。

各种波的共同特性还有：

1. 在不同介质的界面上能产生反射和折射，对各向同性介质的界面，遵守反射定律和折射定律；
2. 通常的线性波迭加时遵守波的迭加原理；
3. 两束或两束以上的波在一定条件下迭加时能产生干涉现象；
4. 波在传播路径上遇到障碍物时能产生衍射现象；
5. 横波能产生偏振现象。

波在物理上分类：

按性质分：机械波、电磁波。

机械波是由扰动的传播所导致的在物质中动量和能量的传输。一般的物体都是由大量相互作用着的质点所组成的，当物体的某一部分发生振动时，其余各部分由于质点的相互作用也会相继振动起来，物质本身没有相应的大块的移动。传播波的物质叫介质，它们是可形变的或弹性的和连绵延展的。对于电磁波或引力波，介质并不是必要的，传播的扰动不是介质的移动而是场。

按振动方向与传播方向的关系来分：横波、纵波。

质点振动的方向跟波的传播方向垂直的波叫横波，质点振动的方向跟波的传播方向平行的波叫纵波。

按波长来分：长波、中波、中短波、短波、超短波及微波。

按强度来分：常波（普通波）、冲击波。

离不开的无线电通讯

1820年，丹麦物理学家奥斯特发现电流的磁效应。接着，学徒出身的英国物理学家法拉第明确指出，奥斯特的实验证明了"电能生磁"。他还通过艰苦的实验发现了电磁感应现象。

著名的科学家麦克斯韦进一步用数学公式表达了法拉第等人的研究成果，

电磁波的功与过

并把电磁感应理论推广到了空间。1864年，麦克斯韦发表了电磁场理论，成为人类历史上预言电磁波存在的第一人。

那么，又有谁来证实电磁波的存在呢？这个人便是赫兹。

1887年的一天，赫兹在一间暗室里做实验。他在两个相隔很近的金属小球上加上高电压，随之便产生一阵阵噼噼啪啪的火花放电。这时，在他身后放着一个没有封口的圆环。当赫兹把圆环的开口处调小到一定程度时，便看到有火花越过缝隙。通过这个实验，他得出了电磁能量可以越过空间进行传播的结论。

赫兹的发现，为人类利用电磁波开辟了无限广阔的前景。

赫兹透过闪烁的火花，第一次证实了电磁波的存在，但他却断然否定利用电磁波进行通信的可能性。但赫兹电火花的闪光，却照亮了两个异国年轻发明家的奋斗之路。

其中一位是俄国的波波夫。

1889年春天，当时在一所军事学校里教书的波波夫，在参加一次理化协会的例会时，看到了赫兹实验的表演。波波夫并不同意赫兹"电磁波无用"的观点。他认为，将来电磁波也可能像光波一样，在空中传播出去。为此他经过几年不懈的努力，在36岁时制造出一台无线电接收器。

1895年5月7日，波波夫在彼得堡举行的一次科学会议期间，向代表们演示了这台仪器。在表演的过程中，它成功地接收到了由雷电产生的电磁波。紧接着，波波夫又加以改进，研制了一套可以真正用于通讯目的的发射机和接收机。

1896年3月24日，波波夫在250米的距离内发射了世界上第一份无线电报，并由接收机上的一个摩尔斯记录器记录了下来。电文是"海因利茨·赫兹"。波波夫就是这样以最好的形式肯定了这位发现电磁波的先驱的功绩。

几乎在和波波夫同时，意大利青年工程师马可尼也对赫兹的实验产生了兴趣，也在摸索一条无线电通讯的道路。

马可尼想，假如加强电磁波的发射能力，也许能增大它的传播距离。他在自家的菜园子里完成了几百米距离的无线电通信后，又连续干了10年，终于在1895年完成了2 000米距离的无线电通讯。在这次实验中，他试验了采用接地天线的方法，来加强电磁波的发射能力。

马可尼发明了无线电通讯后，要求意大利政府资助。但当时的政府对于技术发明很不重视，马可尼的要求被拒绝了。于是，马可尼不得不求助于比较注

马可尼

重技术发明的英国。英国海军部十分重视他的发明,认为无线电通讯技术一旦成功,就可解决英国舰队的指挥调动难题,便大力资助马可尼的研究。

不久,马可尼在一次公开表演中,成功地进行了12千米距离的通讯。1899年3月,他又出色地完成了英国和法国海岸间相隔45千米的无线电通讯。

现在,他要向更宏伟的目标进军了。马可尼大胆地提出横跨大西洋的无线电通讯计划。许多人对此很怀疑:在通过大西洋3 700千米的遥远距离之后,电磁波是否还能收到?

马可尼在1901年12月开始实施他的计划。他在英国的康沃尔建立了一个装备有大功率发射机和先进天线设备的发射台;然后带着一名助手来到大西洋彼岸的加拿大圣约翰斯,那是预定的接收地点。他们首先安装起信号接收装置,然后用氢气球把天线高高吊起。突然氢气球爆炸了,整个计划出现了夭折的危险。

约定的时候到了,在英国康沃尔的发射台,从12月5日起,开始连续使用60米高的天线发射无线电波。加拿大这里却是乱成一团,直到12月12日,马可尼才急中生智想出用大风筝把天线升到了121米的高空。马上,他们收到了英国发出的事先商定好的摩尔斯电码"S"。这样,无线电波越过了大西洋,人类首次实现了隔洋无线电通信。2年后,无线电话也试验成功。

1912年,发生了震惊世界的"泰坦尼克号"沉没事件。这一使1 500人丧生的惨剧的发生,与船上装用的无线电报机的连续

马可尼在进行无线电通信试验

7 小时故障直接有关。它使人们进一步认识到无线电通信对于人类安全的重大作用。

与此同时，无线电通信逐渐被用于战争。在第一次和第二次世界大战中，它都发挥了很大的威力，以至有人把第二次世界大战称之为"无线电战争"。

1920 年，美国匹兹堡的 KDKA 电台进行了首次商业无线电广播。广播很快成为一种重要的信息媒体而受到各国的重视。后来，无线电广播"调幅"制发展到了"调频"制，到 20 世纪 60 年代，又出现了更富有现场感的调频立体声广播。

无线电频段有着十分丰富的资源。在第二次世界大战中，出现了一种把微波作为信息载体的微波通信。这种方式由于通信容量大，至今仍作为远距离通信的主力之一而受到重视。在通信卫星和广播卫星启用之前，它还担负着向远地传送电视节目的任务。

通信卫星

今天，无线通信家族可谓"人丁兴旺"，如短波通信、对流层散射通信、流星余迹通信、毫米波通信等等，都是这个家族的成员。按理来说，卫星通信、地面蜂窝移动通信也都属于无线电通信的范畴，只不过由于它们发展迅速，"家"大"业"大，人们在谈到它们时往往"另眼相看"，大有"自立门户"之势。

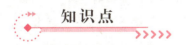

知识点

蜂窝移动通信

蜂窝移动通信是采用蜂窝无线组网方式，在终端和网络设备之间通过无线通道连接起来，进而实现用户在活动中可相互通信。

> 蜂窝移动通信主要特征是终端的移动性，并具有越区切换和跨本地网自动漫游功能。蜂窝移动通信业务是指经过由基站子系统和移动交换子系统等设备组成蜂窝移动通信网提供的话音、数据、视频图像等业务。

马可尼在上海

1899年，马可尼发送的无线电信号穿过了英吉利海峡，接着又成功穿越大西洋。无线电通信的发明，也是日后无线电广播、电视甚至手机的先兆。1909年马可尼获得诺贝尔物理学奖，后来享有"无线电之父"的美誉。

1933年，马可尼携夫人曼丽亚作环球旅行，在中国先后游历了大连、北京、天津、南京等地，于12月7日清晨抵达上海。从7日清晨抵达，到12日离开，马可尼在上海停留了5天。

据资料记载，马可尼的上海之行，参与接待的不仅有上海的政府官员，意大利驻沪领事馆和马可尼无线电公司上海办事处经理等，主要的还是上海的学术团体和最早创办无线电课程教学的交通大学。马可尼在上海的行程安排，就是由上海14家学术团体负责人商量后敲定的，包括交通大学、中国科学社、中央研究院、上海各大学联谊会、上海广播无线电台、中华学艺社等，这些学术团体中，有官方半官方的，也有纯民间的，经费也由他们负责筹措，后来马可尼在交通大学植基的无线电发射装置，也是由学生自行捐赠的。

马可尼来上海之前，1930年左右，他在上海也开设了马可尼中国公司，专门经销他的无线电通讯器材。马可尼访问上海，无疑给他自己的公司做了最好的广告。

马可尼不光是为自己公司，也为上海刮起了一股无线电旋风。就在马可尼访沪期间，报纸上的无线电广告甚多，主要是面向市民使用的装置真空管的收音机。

12月11日，是马可尼在上海最繁忙的一天，上午先参观了真如上海国际无线电台，中午赴意大利领事馆举行的宴会，晚上马可尼公司在华懋饭店设宴回请。华懋的宴会刚刚结束，8点一刻，马可尼又匆匆忙忙赶往礼查饭店（今浦江饭店），出席泛太平洋协会为他举办的饯行晚宴。孔祥熙、颜惠庆、王正廷、徐佩璜夫妇、虞洽卿、何德奎以及意大利公使、领事夫妇、意大利驻沪海军司令、英美商会会长等中外来宾300余人到场。马可尼公司还专门在会场上安装了话筒与扬声器，将这次宴会实况用无线电广播。

微波的应用

微波是无线电波中一个有限频带的简称，即波长在1米（不含1米）到1毫米之间的电磁波，是分米波、厘米波、毫米波和亚毫米波的统称。微波频率比一般的无线电波频率高，通常也称为"超高频电磁波"。微波作为一种电磁波也具有波粒二象性。微波的基本性质通常呈现为穿透、反射、吸收3个特性。

现代的千里眼——雷达，主要是依靠微波来进行工作的。雷达依靠发射微波来搜索目标，微波碰到目标以后被反射回来。由于电波在空间的传播速度是30万千米/秒，因此根据发射和接收到回波的时间差，就可以算出目标的距离。现代的雷达不但能立刻测出距离的数字，还可以把目标的方位显示在荧光屏上。

有的雷达专门用于监测敌人的飞机和导弹。它们可以"看到"5 000千米以外的目标，叫做远程警戒雷达。把这种雷达装在人造卫星上，就可以在数万千米的高空居高临下地监视目标。只要敌人导弹一离开发射架，它马上就发出警报。

雷达能够保证船舶在茫茫的雾海中安全夜航；能够指挥飞机在机场上安全起落；能够让人们及时发现雷雨和风暴的来临，预测天气。进行天文观测的射电望远镜实质上也是一种雷达。

微波的第二大用途是遥感，即利用高空飞机或卫星上的微波设备

雷 达

和仪器，接收地面上各种景物辐射和反射的微波能量。人们通过分析微波遥感仪器所获得的微波图像，可进一步了解地面目标的状态和性质。这种微波遥感技术在军事上和地质勘察中占有重要的地位。

近一二十年来，由于微波器件的发展，尤其是连续波磁控管的发明，微波技术又开辟了一个新的领域，这就是微波加热技术。

普通加热方式是将热量不断从外部传给被加热的物体，被加热物体通过热传导，不断吸收外部供给的热量而变热。这种加热方式的效率很低，加热时间长，而且在加热的过程中有大量的热量被散发到空气中而白白浪费了。

微波加热炉是一个空心的金属箱，其中的微波由波导管送入箱内，微波入口处安装有电磁场搅拌器，可自动改变微波反射的方向，改善炉内超高频场的均匀性，使其加热均匀。需要加热的食品放在炉箱中央的低损耗介质板上。炉壁上开有通气孔，可排放加热过程中产生的水蒸气。

微波加热的原理很简单，用中学物理课上所学的知识即可弄懂。

被加热食物总是含水分的。水分子是一种一头带正电、一头带负电的偶极子。在通常情况下，水分子的排列是杂乱无章的，从宏观上看，它们并不呈现正负极性。但是，在微波电场的作用下，极性水分子就会顺着电场方向排列起来。所有水分子的正极统统朝向电源的负极，水分子的负极朝向电源的正极。电源的正负极改变方向，水分子的正负极也随之变向。

微波电场的方向每秒钟要改变数十亿次。随着高频率微波电场的快速变化，食物内部的水分子也跟着改变自己的取向而迅速地摆动起来。电场变化有多快，水分子也摆动得有多快。

然而，电场变化太快时，由于水分子之间的相互作用力的拉扯，水分子要迅速掉头摆动，就必须克服相邻水分子之间的相互作用力和阻力，这就产生了类似摩擦的效应。摩擦做功的结果产生了热量。食物中的每一个水分子都不例外，都在拼命地快节奏地摇摆、发热。结果，整个食物也就同时热了起来。这种加热方式，用科学术语说，叫做高频介质加热。

从上述原理不难看出，微波加热从本质上讲，是分子一级的加热方式，被加热物体的每一个含水分的分子都是一个小小的加热器，就像操场上排列整齐的士兵，在指挥官的口令下统一行动。微波电场这个"指挥官"不会喊别的口令，只会喊"向后转"，而且每秒钟连续呼喊数十亿次"向后转"，每个"士兵"（水分子）都以服从为天职连续"向后转"。因此，微波加热比较均匀，里外一致，不会出现"外焦而里不熟"的夹生现象，而且加热时间大大缩短，能量损耗也大大降低。

微波加热的另一个特点是加热效率高，而且被加热物体的水分越多，加热与干燥的效果也越好。微波加热还可避免热源在传输过程中的热损耗，从而提高热的有效利用率。

微波的频率可随意调节，因此，对不同性能的物体，可选择不同的微波频率来工作，使被加热（或被干燥）物品不致过热而影响质量，也不会因温度过高而破坏营养成分。

正因为微波加热具有加热快、均匀、效率高等优点，加上容易实现自动化流水线生产，因此微波加热技术被很快推广到各行各业。例如，微波加热已广泛地应用于纺织、造纸、橡胶、皮革、烟草、胶片、食品、医药、粮食、茶叶等工农业产品的烘干、脱水等。

在医疗中，微波也有用武之地。由于微波可深入皮下组织进行选择性加热，因而含水分多的组织（如肌肉）要比含水分少的组织（如骨骼）升温快，从而可促进这些组织的新陈代谢，加速血液循环，对治疗关节炎和风湿症较有疗效。

利用微波在人体内的反射特性，可以对心肺进行监测，对肺气肿、肺水肿病人作出正确判断。

利用微波热像仪还可以把被测部位的温度分布情况通过计算机处理成清晰的彩色热像图，在荧光屏上显示出来，从而检测出被测部位的病变情况以及其他仪器测不到的病灶。

以上仅从微波的热效应方面作了介绍。其实，微波的本领远不止这些，它更重要的用途在于微波通信、微波扫描、微波遥感等方面。未来的微波技术有可能向宇宙索取用之不竭的太阳能，即宇宙空间太阳能发电站所发的电，可通过天线以微波辐射束的形式传向地球地面站。地面站接收天线把接收到的微波辐

微波加热设备

射束转变成交流电或直流电，再输送给用户。总之，人们对微波已有了较深的认识，随着科学技术的发展，微波将会在更多的领域里得到应用。

自19世纪中叶物理学家麦克斯韦、赫兹等人提出并证实了电磁场有关理论后，人类开始了对电磁波造福人类的应用研究。直到20世纪30年代，人们才发现经常接触微波的人群中，出现有失眠、头痛、乏力、心悸、记忆力减退、毛发脱落及白内障等症状。经研究才知一定强度的微波辐射会对人体造成不良影响。50年代各国相继建立了安全标准，但那时被认为有问题的仅是显而易见的微波热效应。

20世纪70年代以来，从相继发表的研究报告表明，低强度微波的非热作用对人体引起的不良影响，更是当今社会的一大公害。

微波的非热效应，是指电子在生物体内细胞的分子中间移动，扰乱了生物体的电反应而引起的作用，或者说人体在反复接触低强度微波照射后，温度虽无上升，但造成机体健康的损害。

实验和病理学调查发现，这种非热作用对人体的健康影响比较广泛，能引起神经、生殖、心血管、免疫功能及眼睛等方面的改变。长期低强度射频电磁辐射非致热效应，对动物的神经、内分泌、膜通透性、离子水平等都有影响，也有报告认为能引起DNA损伤、染色体畸变等。

低强度微波对人体的危害主要表现在以下几个方面：

1. 中枢神经系统的影响。主要表现为神经衰弱症候群，其症状主要有头痛、头晕、记忆力减退、注意力不集中、睡眠质量降低、抑郁、烦躁等。

2. 对眼的影响。有关微波对眼部的损害，无论是职业接触人群流行病学调查还是动物试验方面，国内外均已有大量微波辐射影响视力的报道。

一般认为，因晶状体本身无血管组织，故成为微波造成热损伤的敏感部位。长期在低强度微波环境中工作，也可使眼晶状体混浊、致密、空泡变性，且与接触时间成比例。

有学者认为，低强度微波致眼损伤的机制可能是微波的长期蓄积作用、非致热作用或联合作用所致，也有学者认为微波使晶体渗透压改变，房水渗入晶体，抑制其核糖核酸合成而致晶体混浊等，加速晶体老化和视网膜病变，而对视力、眼晶状体损伤、眼部症状（如干燥、易疲劳）有显著影响。

3. 对循环系统的影响。低强度微波辐照对循环系统的影响国内已有大量的报道，且结果大致相同，主要表现为心悸、心前区疼痛、胸闷等症状及心电图异常率增加、窦性心动过缓加不齐、心脏束支传导阻滞等，另外血压、血象、脑血流、微循环也会有不同程度的改变。

微波对心血管系统的影响，主要是因为微波辐照引起自主神经系统功能紊乱，以副交感神经兴奋为主，即使在低场强的情况下，这种影响仍然存在。而微波对脑血流的影响说明其所形成的电磁场可影响脑部血循环及血管功能，脑部经微波照射后，血管扩张，血流量增加，弹性血管管壁张力减低，血管紧张度增高，所以导致了脑血流图的一系列变化。

4. 对免疫功能的影响。主要是抑制抗体形成，使机体免疫功能下降。微波的免疫效应与功率密度和暴露时间有关。功率密度较大时，短期暴露可刺激机体的免疫功能，长期暴露则抑制免疫；功率密度较低时，产生免疫刺激则需较长时间的暴露。另外，微波对机体免疫功能的影响还表现出累积效应。

5. 对生殖功能的影响。国外有学者指出，用低功率的微波辐射怀孕大鼠，会导致小鼠出生后小脑浦肯野细胞的减少。此后，有不少学者以子代脑的形态和行为作指标，观察了微波辐射怀孕动物的致畸效应。国内也有许多非致热效应微波引起机体生殖系统危害的报道。

6. 对遗传方面的影响。新的研究还表明，微波会以别的方式影响生物细胞，破坏含有遗传信息的生物分子脱氧核糖核酸（DNA），破坏染色体结构。

知识点

微波遥感

微波遥感是传感器的工作波长在微波波谱区的遥感技术，是利用某种传感器接收各种地物发射或者反射的微波信号，藉以识别、分析地物，提取地物所需的信息。

微波遥感的工作方式分主动式（有源）微波遥感和被动式（无源）微波遥感。前者由传感器发射微波波束再接收由地面物体反射或散射回来的回波，如侧视雷达；后者接收地面物体自身辐射的微波，如微波辐射计、微波散射计等。

微波遥感的突出优点是具全天候工作能力，不受云、雨、雾的影响，可在夜间工作，并能透过植被、冰雪和干沙土，以获得近地面以下的信息。广泛应用于海洋研究、陆地资源调查和地图制图。

微波防护的注意要点

1. 微波辐射能吸收：调试微波机时，需安装功率吸收天线（如等效天线）吸收微波能量，使其不向空间发射。需要在屏蔽小室内调试微波机时，小室内四周上下各面均应敷设微波吸收材料。

2. 合理配置工作位置：根据微波发射有方向性的特点，工作点应置于辐射强度最小的部位，尽量避免在辐射束的正前方进行工作。

3. 个体防护用品：一时难以采取其他有效防护措施，短时间作业可穿戴防微波专用的防护衣帽和防护眼镜。

4. 健康检查：一两年健康检查一次，重点观察眼晶状体的变化，其次为心血管系统、外周血象及男性生殖功能。

5. 卫生标准：我国微波辐射卫生标准（GB10436－1989）规定，作业场所微波辐射的容许接触限值：

连续波，平均功率密度50微瓦/平方厘米，日接触剂量400微瓦时/平方厘米；

脉冲波非固定辐射，平均功率密度50微瓦/平方厘米，日接触剂量400微瓦时/平方厘米；

脉冲波固定辐射，平均功率密度25微瓦/平方厘米，日接触剂量200微瓦时/平方厘米。

不过人们不必对辐射过于恐惧，因为辐射不属于强致癌因素，不会引起"特殊癌"，只是使癌的发生率有所提高。据对现有资料统计分析，只有4%的肿瘤是电离辐射造成的，而且辐射危害是可以预防的，辐射造成的损伤也是可以治疗的。

人类对红外线的认识

红外线是太阳光线中众多不可见光线中的一种，由英国科学家霍胥尔于1800年发现，又称为红外热辐射。

霍胥尔将太阳光用三棱镜分解开，在各种不同颜色的色带位置上放置了温度计，试图测量各种颜色的光的加热效应。结果发现，位于红光外侧的那支温度计升温最快。因此得到结论：太阳光谱中，红光的外侧必定存在看不见的光线，这就是红外线。也可以当作传输之媒界。

太阳光谱上红外线的波长大于可见光线，波长为0.75～1 000微米。红外线可分为3部分，即近红外线，波长为0.75～1.50微米之间；中红外线，波长为1.50～6.0微米之间；远红外线，波长为6.0～1 000微米之间。

红外线，也常常被称为红外辐射，它是一种"人眼看不见的光"。红外线的应用非常广泛，常见的有以下几种应用：

在红外线区域中，对人体最有益的是4～14微米波段，它有着孕育宇宙生命生长的神奇能量，所有动、植物的生存、繁殖，都是在红外线这个特定的波长下才得以进行，因此许多专家、学者称之为"生育光线"。

远红外纺织品是近年来新兴的一种精密陶瓷粉经特殊加工制成，具有活化组织细胞、促进血液循环和改善微循环、提高免疫力、加强新陈代谢、消炎、除臭、止痒、抑菌等功能。

日常生活中众多的家用电器离不开遥控器。不少家用电器都配有红外线遥控装置。当遥控器与红外接收端口排成直线，左右偏差不超过15°时，效果最好。

现在越来越多的电子设备装配了红外端口，支持无线传输，避免了通过电缆连接的累赘。如利用红外线可通过手机上网。

利用红外线还可以防盗。由红外线发射机和红外线接收机组成，红外线发射机发射的红外线光束构成了一道人眼看不见的封锁线，当有人穿越或阻挡红外线时，接收机将会启动报警主机，报警主机收到信号后立即发出警报。

太阳光谱图

红外线开关：红外线开关有主动式和被动式。主动式红外线开关由红外发射管和接收管组成探头。当接收管接收到发射管发出的红外线时，灯关闭；人体通过挡住红外线时，灯开启。被动式红外线开关是将人体作为红外线源（人体温度通常高于周围环境温度），红外线辐射被检测到时，开启照明灯。

红外线开关

利用红外线摄影。据测试，在自然光辐射中红外线可达40%以上，在黑白摄影中可以通过使用特殊的滤镜从红—深红—暗红来阻挡可见光通过，从而使红外线影像在胶片上感光。

那么进行红外线摄影的理由何在呢？

分析一下，人眼看到最亮的物体，如蓝色的水面和天空，它们并不能反射更多的红外光，这样虽然在普通黑白胶片的成像很正常，在红外线胶片就呈现出较黑的颜色。而树木和草地因叶绿素可以大量反射红外线而发白，以此来达到超乎现实的意境。

红外线不仅为摄影提供了特殊的创作手法，同时由于它的透射率高，遇到雾天及烟尘远景也可以拍清楚，在科研中常用于勘探和军事侦察。利用红外线具有穿透图画表层深入颜料内部的特性，它还可以为大师们的名画判断真伪。

在漆黑的夜晚应用红外遥感设备可以探测各种矿藏。我国利用红外遥感照片，调查了地热资源和放射性矿藏等资源。

在军事领域红外线也能发挥重要作用，比较典型的是红外侦察和红外制导。

侦察卫星携带红外成像设备可获得更多地面目标的情报信息，并能识别伪装目标和在夜间对地面的军事行动进行监视；导弹预警卫星利用红外探测器可探测到导弹发射时发动机尾焰的红外辐射并发出警报，为拦截来袭导弹提供一定的预警时间。

红外制导就是利用目标本身的红外辐射来引导导弹自动接近目标，以提高命中率。

据说伊拉克在攻击科威特前，为了避免美国的飞机炸毁伊拉克的战车，于是在沙漠中挖了很多地道，战时让战车躲入沙漠下的坑道内。一片黄沙滚滚让美国的飞机无法找到战车的位置。可惜沙漠中白天时温度非常高,战车又大多是金属,吸收了很多的热量。黑夜时,沙漠的表面温度很快地就降下去了,可是埋在沙土里的战车温度较四周的沙土高(热容量较大),因此辐射出人眼虽看不见的红外线。于是美国的飞机黑夜时利用红外线探测器,将沙土下的每辆战车看得一清二楚。于是一部部的战车皆被红外制导空空导弹摧毁殆尽。红外线近年来在军事、人造卫星以及工业、卫生、科研等方面的应用日益广泛,因此红外线污染问题也随之产生。

红外线是一种热辐射,对人体可造成高温伤害。较强的红外线可造成皮肤伤害,其情况与烫伤相似,最初是灼痛,然后是造成烧伤。

红外线对眼的伤害有几种不同情况,波长为 0.75～1.3 微米的红外线对眼角膜的透过率较高,可造成眼底视网膜的伤害。尤其是 1.1 微米附近的红外线,可使眼的前部介质(角膜晶体等)不受损害而直接造成眼底视网膜烧伤。

波长 1.9 微米以上的红外线,几乎全部被角膜吸收,会造成角膜烧伤(混浊、白斑)。

波长大于 1.4 微米的红外线的能量绝大部分被角膜和眼内液所吸收,透不到虹膜。只是 1.3 微米以下的红外线才能透到虹膜,造成虹膜伤害。

人眼如果长期暴露于红外线下可能引起白内障。因此,我们在利用红外线时,对其危害也要保持足够的警惕。

知识点

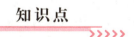

长度单位——埃

埃格斯特朗,简称埃,是一个长度单位。它不是国际制单位,但是可与国际制单位进行换算,即 1 埃 = 10^{-10} 米 = 0.1 纳米。它一般用于原子半径、键长和可见光的波长。譬如,原子的平均直径(由经验上的半径计算得出)在 0.5 埃(氢)和 3.8 埃(铀,最重的天然元素)之间。它还被广泛应用于结构生物学。

埃这个单位是为了纪念瑞典科学家安德斯·埃格斯特朗而命名的。埃格斯特朗是光谱学的创始人之一，他为太阳光谱的辐射波长制作了图谱，以10^{-10}米为单位。他同时也钻研热传导、地磁学和北极光。

红外制导

红外制导是利用红外探测器捕获和跟踪目标自身辐射的能量来实现寻的制导的技术。红外制导技术是精确制导武器一个十分重要的技术手段，红外制导技术分为红外成像制导技术和红外非成像制导技术两大类。

红外非成像制导技术是一种被动红外寻的制导技术，任何绝对温度零度以上的物体，由于原子和分子结构内部的热运动，而向外界辐射包括红外波段在内的电磁波能量，红外非成像制导技术就是利用红外探测器捕获和跟踪目标自身所辐射的红外能量来实现精确制导的一种技术手段。

红外非成像制导的特点是制导精度高，不受无线电干扰的影响；可昼夜作战；由于采用被动寻的方式，攻击隐蔽性好。

缺点是，其正常工作受云、雾和烟尘的影响；并有可能被曳光弹、红外诱饵、云层反射的阳光和其他热源诱惑，偏离和丢失目标。

此外，红外制导系统作用距离有限，所以一般用作近程武器的制导系统或远程武器的末制导系统。

红外成像制导是利用红外探测器探测目标的红外辐射，以捕获目标红外图像的制导技术，其图像质量与电视相近，但却可在电视制导系统难以工作的夜间和低能见度下作战。

红外成像制导系统的灵敏度和空间分辨率都很高，动态跟踪范围大，有效作用距离远，抗干扰性好。与非成像制导技术相比，红外成像制导系统具有更好的目标识别能力和制导精度。全天候作战能力和抗干扰能力也有较大改善。但成本较高，全天候作战能力仍不如微波和毫米波制导系统。

紫外线的利害

1800年英国物理学家霍胥尔在三棱镜光谱的红光端外发现了不可见的热射线——红外线。德国物理学家里特对这一发现极感兴趣，他坚信物理学事物具有两极对称性，认为既然可见光谱红端之外有不可见的辐射，那么在可见光谱的紫端之外也一定可以发现不可见的辐射。

三棱镜光谱

1801年，里特先把一张纸放在氯化银溶液中浸泡一下，然后把它放在三棱镜可见光谱的紫光区域邻近。里特发现，紫光外部地方的纸片强烈地变黑，说明纸片的这一部分受到了一种看不见的射线照射。里特把紫光外附近的不可见光叫做"去氧射线"，这就是我们所说的紫外线。他还把红光外附近的不可见光叫做"氧化射线"，也就是红外线。

紫外线是电磁波谱中波长从 0.01～0.40 微米辐射的总称，不能引起人们的视觉。

紫外线根据波长分为近紫外线、远紫外线和超短紫外线。紫外线对人体皮肤的渗透程度是不同的。紫外线的波长愈短，对人类皮肤危害越大。短波紫外线可穿过真皮，中波则可进入真皮。

在过去很长时间里，人们对紫外线的认识是模糊的，一味地防，殊不知紫外线对人体也有有益的一面。

首先，中长波紫外线的照射，可使皮肤中的脱氧胆固醇转变为维生素D，维生素D可增强钙磷在体内的吸收，能帮助骨骼的生长发育，成长期的儿童多晒太阳，多在户外活动，有利于预防佝偻病。

其次，不同波长的近紫外线、远紫外线能够治疗类风湿性关节炎、红斑狼疮、银屑病、硬皮病、白癜风、玫瑰糠疹等皮肤病。仅对红斑狼疮的治疗研究表明，用紫外线治疗的病人可以显著减轻症状和减少综合征发生的危险，而且随着治疗时间的延长，治疗的有效性不断增强。

再次，紫外线还可使微生物细胞内核酸、原浆蛋白发生化学变化，用以杀灭微生物，对空气、水、污染物体表面进行消毒灭菌。

紫外线消毒器

紫外线消毒是一种高效、安全、环保、经济的技术，能够有效地灭活致病病毒、细菌和原生动物，而且几乎不产生任何消毒副产物。因此，在净水、污水、回用水和工业水处理的消毒中，紫外线逐渐发展成为一种最有效的消毒技术。由于紫外线具有对隐孢子虫的高效杀灭作用和不产生副产物等特点，使其在给水处理中显示了很好的市场潜力。

给排水消毒方法可分为两大类，即化学消毒法和物理消毒法。化学消毒法有加氯消毒和臭氧消毒等；物理消毒法有紫外线消毒等。化学消毒法一般都会产生消毒副产物，而紫外线消毒是唯一不会产生消毒副产物的方法，不会造成二次污染问题。

当然，紫外线的危害是不容忽视的。

当皮肤受到紫外线的照射时，人体表皮层中的黑色素细胞开始产生黑色素来吸收紫外线，以防止皮肤受到伤害，长时间的紫外线照射会引起大量黑色素沉积在表皮层中，成为永久性的"晒黑"痕迹。

人们现在都已经普遍地认识到，过多地遭受紫外线辐射后容易引起皮肤癌和白内障。有资料报道，皮肤癌的发生率，在澳大利亚是10万人中有800人；在美国是10万人中有250人；在日本据估计目前大约是10万人中有5人。

日本的环境和医学专家警告人们，或许不久，日本也会达到欧美和澳大利亚这样的皮肤癌的发生率的，出现这种危险的状况只是时间迟早的问题。在中国，虽然到目前为止还没有皮肤癌发生率的确切统计和报道，但是，国外的经验和教训告诉我们，对此是必须给予充分重视的。

此外，紫外线辐射还会促使各种有机和无机材料加速化学分解和老化；海洋中的浮游生物也会因紫外线的照射而生长受到影响甚至死亡；紫外线辐射对包括人在内的各种动、植物的生理和生长、发育带来严重危害和影响。

近年来，由于平流层臭氧遭到日趋严重的破坏，地面接受的紫外线辐射量增多，引起人们广泛的关注。为此，世界各国的环境科学家都提醒人们应该十分注意紫外线辐射对人体的危害并采取必要的预防措施。

臭氧层的破坏正在不断地发展着。不仅在南极上空出现了臭氧层空洞，即使在北极地方也发现了臭氧层空洞。而且在我们人类生活的地球上的其他地区上空，也探测到臭氧层变薄的现象。今后，这种臭氧层的破坏还会进一步发展下去。这样，在紫外线辐射中，对人体影响最大的短波紫外线今后还会增多，对人们的影响也将会更大。这促使世界各国的人们对紫外线的关心程度有了极大的提高。

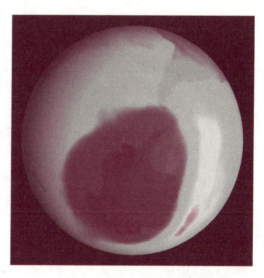

臭氧层空洞

由于紫外线对人体的影响是通过多年而长期蓄积起来的，从小就开始培养注意预防意识是为了将来。人们根据紫外线指数预报和有关的知识，就能够主动地、积极地采取行动进行预防，就可以在自己的生活中利用紫外线预报来采取对策。紫外线指数预报加上每日的天气预报，就可以使有关紫外线的各种知识在老百姓中普及起来，所以说有关紫外线指数预报和紫外线知识是一种提高人们对紫外线认识的有用的知识。

紫外线指数预报是一种在日常生活中十分有用的预报，按照预报发布的紫外线指数，就可以主动地采取一些措施，对紫外线加以预防。

当然，紫外线也并不是一个十分恐惧的东西，也不要片面地被紫外线预报所左右。根据发布的紫外线指数，既要采取有效的方法，预防过多地照射紫外线，也要在合适的时间段里有效地利用好紫外线。

在一天中紫外线照射强度并不是不变的，一天中最需要注意的时间是从上午10时起至下午3时左右，当然，根据天气变化，紫外线照射量也是在变化的，所以也应该注意每天的天气变化，并根据天气的变化，注意在哪个时间段里应该特别小心。

知识点

紫外线指数

紫外线指数是指当太阳在天空中的位置最高时（一般是在中午前后，即从上午10时至下午3时的时间段里），到达地球表面的太阳光线中的紫外线辐射对人体皮肤的可能损伤程度。

紫外线指数变化范围用0～15的数字来表示，通常，夜间的紫外线指数为0，热带、高原地区、晴天中午时的紫外线指数为15。

当紫外线指数愈高时，表示紫外线辐射对人体皮肤的红斑损伤程度愈加剧，同样地，紫外线指数愈高，在愈短的时间里对皮肤的伤害也愈大。

延伸阅读

臭氧和臭氧层

臭氧是无色气体，有特殊臭味，因此而得名"臭氧"。

人类真正认识臭氧是在150多年以前，德国化学家先贝因博士首次提出在水电解及火花放电中产生的臭味，同在自然界闪电后产生的气味相同。

臭氧层顾名思义，带有微臭，在闪电的时候，有可能会闻到一股怪味，这便是闪电带下来的。

自然界中的臭氧，大多分布在距地面20～50千米的大气中，我们称之为臭氧层。

臭氧层中的臭氧主要是紫外线制造出来的。大家知道，太阳光线中的紫外线分为长波和短波两种，当大气中的氧气分子受到短波紫外线照射时，氧分子会分解成原子状态。氧原子的不稳定性极强，极易与其他物质发生反应。如与氢反应生成水，与碳反应生成二氧化碳。同样的，与氧分子反应时，就形成了臭氧。

臭氧形成后，由于其密度大于氧气，会逐渐地向臭氧层的底层降落，在降落过程中随着温度的变化（上升），臭氧不稳定性愈趋明显，再受到长波紫外线的照射，再度还原为氧。臭氧层就是保持了这种氧气与臭氧相互转换的动态平衡。

大气臭氧层主要有 3 个作用：

其一为保护作用，保护地球上的人类和动植物免遭短波紫外线的伤害。

其二为加热作用，臭氧吸收太阳光中的紫外线并将其转换为热能加热大气。大气的温度结构对于大气的循环具有重要的影响。

其三为温室气体的作用，在对流层上部和平流层底部，即在气温很低的这一高度，臭氧的作用同样非常重要。如果这一高度的臭氧减少，则会产生使地面气温下降的动力。因此，臭氧的高度分布及变化是极其重要的。

2011 年 11 月 1 日，日本气象厅发布的消息说，该机构今年以来测到的南极上空臭氧层空洞面积的最大值超过去年，已相当于过去 10 年的平均水平。

"火眼金睛" X 射线

1895 年 11 月 8 日是一个星期五。晚上，德国慕尼黑伍尔茨堡大学的整个校园都沉浸在一片静悄悄的气氛当中，大家都回家度周末去了。但是还有一个房间依然亮着灯光。灯光下，一位年过半百的学者凝视着一沓灰黑色的照相底片在发呆，仿佛陷入了深深的沉思……

他在思索什么呢？原来，这位学者以前做过一次放电实验，为了确保实验的精确性，他事先用锡纸和硬纸板把各种实验器材都包裹得严严实实，并且用一个没有安装铝窗的阴极管让阴极射线透出。

可是现在，他却惊奇地发现，对着阴极射线发射的一块涂有氰亚铂酸钡的屏幕（这个屏幕用于另外一个实验）发出了光，而放电管旁边这沓原本严密封闭的底片，现在也变成了灰黑色——这说明它们已经曝光了！

这个一般人很快就会忽略的现象，却引起了这位学者的注意，使他产生了浓厚的兴趣。他想：底片的变化，恰恰说明放电管放出了一种穿透力极强的新射线，它甚至能够穿透装底片的袋子！一定要好好研究一下。不过，既然目前还不知道它是什么射线，于是取名"X射线"。

于是，这位学者开始了对这种神秘的X射线的研究。

他先把一个涂有磷光物质的屏幕放在放电管附近，结果发现屏幕马上发出了亮光。接着，他尝试着拿一些平时不透光的较轻物质——比如书本、橡皮板和木板——放到放电管和屏幕之间去挡那束看不见的神秘射线，可是谁也不能把它挡住，在屏幕上几乎看不到任何阴影，它甚至能够轻而易举地穿透15毫米厚的铝板！直到他把一块厚厚的金属板放在放电管与屏幕之间，屏幕上才出现了金属板的阴影——看来这种射线还是没有能力穿透太厚的物质。

实验还发现，只有铅板和铂板才能使屏幕不发光，当阴极管被接通时，放在旁边的照相底片也将被感光，即使用厚厚的黑纸将底片包起来也无济于事。

接下来更为神奇的现象发生了，当这位学者小心翼翼地伸出手掌，试图挡在放电管与屏幕之间时，他居然发现自己的手骨和手的轮廓被清晰地映射到了屏幕的上面。原来这是这种射线一个更为奇特的性质：具有相当强度的X射线，可以使肌体内的骨骼在磷光屏幕或者照相底片上投下阴影！

这一发现对于医学的价值可是十分重要的，它就像给了人们一副可以看穿肌肤的"眼镜"，能够使医生的"目光"穿透人的皮肉透视人的骨骼，清楚地观察到活体内的各种生理和病理现象。根据这一原理，后来人们发明了X射线机，X射线已经成为现代医学中一个不可缺少的武器。当人们不慎摔伤之后，为了检查是不是骨折了，不是总要先到医院去"照一个片

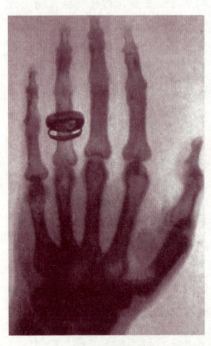

世界第一张X线照片

子"吗？这就是在用X射线照相啊！

这位学者虽然发现了X射线，但当时的人们——包括他本人在内，都不知道这种射线究竟是什么东西。直到20世纪初，人们才知道X射线实质上是

电磁波的功与过

一种比光波更短的电磁波，它不仅在医学中用途广泛，成为人类战胜许多疾病的有力武器，而且还为今后物理学的重大变革提供了重要的证据。正因为这些原因，在1901年诺贝尔奖的颁奖仪式上，这位学者成为世界上第一个荣获诺贝尔物理学奖的人。

噢，忘记说了，既然"方程"已经解出来了，这种神秘的X射线后来就有了一个正式的名字——伦琴射线。而伦琴，当然就是发现这种神秘射线的学者的名字啦！

X射线，又称伦琴射线，它是一种波长很短的电磁辐射，其波长约为$(20\sim0.06)\times10^{-8}$厘米之间，是一种波长介于紫外线和$\gamma$射线间的电磁波。伦琴射线具有很高的穿透本领，能透过许多对可见光不透明的物质，如墨纸、木料等。这种肉眼看不见的射线可以使很多固体材料发生可见的荧光，使照相底片感光以及空气电离等效应，波长越短的X射线能量越大，叫做硬X射线；波长长的X射线能量较低，称为软X射线。

产生X射线的最简单方法是用加速后的电子撞击金属靶。撞击过程中，电子突然减速，其损失的动能会以光子形式放出，形成X射线光谱的连续部分，称之为制动辐射。通过加大加速电压，电子携带的能量增大，则有可能将金属原子的内层电子撞出。于是内层形成空穴，外层电子跃迁回内层填补空穴，同时放出波长在0.1纳米左右的光子。由于外层电子跃迁放出的能量是量子化的，所以放出的光子的波长也集中在某些部分，形成了X射线光谱中的特征线，此称为特性辐射。

此外，高强度的X射线亦可由同步加速器或自由电子激光产生。同步辐射光源，具有高强度、连续波长、光束准直、极小的光束截面积并具有时间脉波性与偏振性，因而成为科学研究X射线最佳之光源。

X射线的发现，把人类引进了一个完全陌生的微观国度。X射线的发现，

伦 琴

直接地揭开了原子的秘密，为人类深入到原子内部的科学研究，打破了坚冰，开通了航道。

伦琴发现X射线后仅仅几个月时间内，它就被应用于医学影像。1896年2月，苏格兰医生约翰·麦金泰尔在格拉斯哥皇家医院设立了世界上第一个放射科。

放射医学是医学的一个专门领域，它使用放射线照相术和其他技术产生诊断图像。的确，这可能是X射线技术应用最广泛的地方。

X射线的用途主要是探测骨骼的病变，但对于探测软组织的病变也相当有用。常见的例子有胸腔X射线，用来诊断肺部疾病，如肺炎、肺癌或肺气肿；而腹腔X射线则用来检测肠道梗塞、自由气体（由于内脏穿孔）及自由液体。某些情况下，使用X射线的透视技术。

但是，由于人体内有些器官对X射线的吸收差别极小，因此X射线对那些前后重叠的组织的病变就难以发现。于是，美国与英国的科学家开始了寻找一种新的东西来弥补用X射线技术检查人体病变的不足。

1963年，美国物理学家科马克发现人体不同的组织对X线的透过率有所不同，在研究中还得出了一些有关的计算公式，这些公式为后来CT的应用奠定了理论基础。

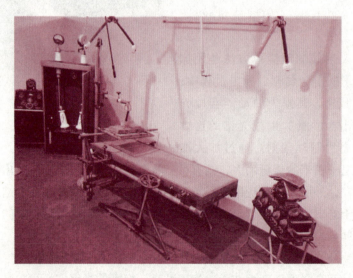

早期的X射线医疗检查设备

电磁波的功与过

  1967年，英国电子工程师亨斯费尔德在并不知道科马克研究成果的情况下，也开始了研制一种新技术的工作。他首先研究了模式的识别，然后制作了一台能加强X射线放射源的简单的扫描装置，即后来的CT，用于对人的头部进行实验性扫描测量。

  后来，亨斯费尔德又用这种装置去测量全身，获得了同样的效果。

  1971年9月，亨斯费尔德又与一位神经放射学家科马克合作，在伦敦郊外一家医院安装了他设计制造的这种装置，开始了头部检查。10月4日，医院用它检查了第一例病人。患者在完全清醒的情况下朝天仰卧，X线管装在患者的上方，绕检查部位转动，同时在患者下方装一计数器，使人体各部位对X线吸收的多少反映在计数器上，再经过电子计算机的处理，使人体各部位的图像在荧屏上显示出来。

  这次试验非常成功。1972年4月，亨斯费尔德在英国放射学年会上首次公布了这一结果，正式宣告了CT的诞生。

  这一消息引起科技界的极大震动，CT的研制成功被誉为自伦琴发现X射线以后，放射诊断学上最重要的成就。因此，亨斯费尔德和科马克共同获取1979年诺贝尔生理学和医学奖。而今，CT已广泛运用于医疗诊断上。

知识点

X射线机

  X光机是产生X射线的设备，其主要由X射线管和X射线机电源以及控制电路等组成，而X射线管又由阴极灯丝和阳极靶以及真空玻璃管组成。

  X射线机电源又可分为高压电源和灯丝电源两部分，其中灯丝电源用于为灯丝加热，高压电源的高压输出端分别加在阴极灯丝和阳极靶两端，提供一个高压电场使灯丝上活跃的电子加速流向阳极靶，形成一个高速的电子流，轰击阳极靶面后，99%转化为热量，1%为X射线。

延伸阅读

第一位被放射物质夺去生命的科学家：贝克勒尔

贝克勒尔出身于科学世家，他的整个家族一直都在默默地研究着荧光、磷光等发光现象。他的父亲对荧光的研究在当时堪称世界一流水平，提出了铀化合物发生荧光的详细机制。贝克勒尔自幼就对物理学相当痴迷，他不止一次地在内心深处宣读誓言，一定要超出祖父、父亲所做出的贡献，为此，他做出了不知超过常人多少倍的努力。

那一天，当他冒着刺骨的冷风，参观完伦琴X射线的照片后，他既为伦琴的发现所激动，又为自己的无所建树而汗颜。他浮想联翩，猜想X射线肯定与他长期研究的荧光现象有着密切的关系。

为了进一步证实X射线与荧光的关系，贝克勒尔从父亲那里找来荧光物质铀盐，立即投入到紧张而又有条不紊的实验中。他十分迫切地想知道铀盐的荧光辐射中是否含X射线，他把这种铀盐放在用黑纸密封的照相底片上。他在心里想，黑色密封纸可以避阳光，不会使底片感光，如果太阳光激发出的荧光中含有X射线，就会穿透黑纸使照相底片感光。真不知道密封底片能否感光成功。

1896年2月，柏克勒尔把铀盐和密封的底片，一起放在晚冬的太阳光下，一连曝晒了好几个小时。晚上，当他从暗室里大喊大叫着冲出来的时候，他激动得快要发疯了，他所梦寐以求的现象终于出现了：铀盐使底片感了光！

柏克勒尔又一连重复了好几次这样的实验，后来，他又用金属片放在密封的感光底片和铀盐之间，发现X射线是可以穿透它们使底片感光的。如果不能穿透金属片就不是X射线。这样做了几次以后，他发现底片感光了，X射线穿透了他放置的铝片和铜片。这似乎更加证明，铀盐这种荧光物质在照射阳光之后，除了发出荧光，也发出了X射线。

1896年2月24日，柏克勒尔把上述成果在科学院的会议上作了报告。但是，大约只过了五六天，事情就出人意料地发生了变化。柏克勒尔正想重做以上的实验时，连续几天的阴雨天，太阳躲在厚厚的云层里，怎么喊也喊不出来，他只好把包好的铀盐连同感光底片一起锁在了抽屉里。

1896年3月1日,他试着冲洗和铀盐一起放过的底片,发现底片照常感光了。铀盐不经过太阳光的照射,也能使底片感光。善于留心实验细节的贝克勒尔一下子抓住了问题的症结。从此,他对自己在2月24日的报告,产生了怀疑,他决心一切推倒重来。

这次,他又增加了另外几种荧光物质。实验结果再度表明,铀盐使照相底片感光,与是否被阳光照射没有直接的关系。贝克勒尔推测,感光必是铀盐自发地发出某种神秘射线造成的。

此后,贝克勒尔便把研究重心转移到研究含铀物质上面来了。他发现所有含铀的物质都能够发射出一种神秘的射线,他把这种射线叫做"铀射线"。

3月2日,他在科学院的例会上报告了这一发现。他是含着喜悦的泪水向与会者报告这一切的。

后来经研究他又发现,铀盐所发出的射线,不光能够使照相底片感光,还能够使气体发生电离,放电激发温度变化。铀以不同的化合物存在,对铀发出的射线都没有影响,只要化学元素铀存在,就有放射性存在。贝克勒尔的发现,被称作"贝克勒尔现象",后来吸引了许多物理学家来研究这一现象。

1899年,贝克勒尔当选为法国科学院院士,此外他还是伦敦皇家学会、柏林科学院等许多科学协会的成员。

在放射性发现的初期,人们对它的危害毫无认识,因此也谈不上什么防御了。贝克勒尔就是在毫无防御的条件下,长期接触放射性物质,致使健康受到严重的损害。他刚过50岁,身体就垮了,医生劝他迁居疗养。但对科学着了迷的贝克勒尔怎么也舍不得离开实验室。他对医生说:"除非把我的实验室搬到我疗养的地方,否则我决不离开。"

1908年夏,他的病情恶化,8月25日黎明,逝世于克罗西克,是第一位被放射物质夺去生命的科学家。

威力强大的γ射线

γ射线,又称γ粒子流,中文音译为伽玛射线。

γ射线是一种波长短于0.02纳米的电磁波。首先由法国科学家P·V·维拉德发现,是继α、β射线后发现的第三种原子核射线。

γ射线是一种强电磁波,它的波长比X射线还要短,一般波长小于0.001

纳米。在原子核反应中，当原子核发生α、β衰变后，往往衰变到某个激发态，处于激发态的原子核仍是不稳定的，并且会通过释放一系列能量使其跃迁到稳定的状态，而这些能量的释放是通过射线辐射来实现的，这种射线就是γ射线。

γ射线具有极强的穿透本领。人体受到γ射线照射时，γ射线可以进入到人体的内部，并与体内细胞发生电离作用，电离产生的离子能侵蚀复杂的有机分子，如蛋白质、核酸和酶，它们都是构成活细胞组织的主要成分，一旦它们遭到破坏，就会导致人体内的正常化学过程受到干扰，严重的可以使细胞死亡。

人类观察太空时，看到的为"可见光"，然而电磁波谱的大部分是由不同辐射组成的，当中的辐射的波长有的较可见光长，亦有的较短，大部分单靠肉眼并不能看到。通过探测γ射线能提供肉眼所看不到的太空影像。

在太空中产生的γ射线是由恒星核心的核聚变产生的，因为无法穿透地球大气层，因此无法到达地球的低层大气层，只能在太空中被探测到。

核爆炸

太空中的γ射线是在1967年由一颗名为"维拉斯"的人造卫星首次观测到的。从20世纪70年代初由不同人造卫星所探测到的γ射线图片，提供了关于几百颗此前并未发现的恒星及可能的黑洞。于90年代发射的人造卫星(包括康普顿伽玛射线观测台),提供了关于超新星、年轻星团、类星体等不同的天文信息。

在军事上,强γ射线具有很大的威力。一般来说,核爆炸(比如原子弹、氢弹的爆炸)的杀伤力由4个因素构成:冲击波、光辐射、放射性沾染和贯穿辐射。其中贯穿辐射则主要由强γ射线和中子流组成。由此可见,核爆炸本身就是一个γ射线光源。通过结构的巧妙设计,可以缩小核爆炸的其他硬杀伤因素,使爆炸的能量主要以γ射线的形式释放,并尽可能地延长γ射线的作用时间(可以为普通核爆炸的3倍),这种核弹就是γ射线弹。

与其他核武器相比,γ射线的威力主要表现在以下两个方面:

1. γ射线的能量大。由于γ射线的波长非常短,频率高,因此具有非常大的能量。

高能量的γ射线对人体的破坏作用相当大,当人体受到γ射线的辐射剂量达到2~6希时,人体造血器官如骨髓将遭到损坏,白细胞严重地减少,内出血、头发脱落,在2个月内死亡的概率为0%~80%;

当辐射剂量为6~10希时,在2个月内死亡的概率为80%~100%;

当辐射剂量为10~15希时,人体肠胃系统将遭破坏,发生腹泻、发热、内分泌失调,在两周内死亡概率几乎为100%;

当辐射剂量为50希以上时,可导致中枢神经系统受到破坏,发生痉挛、震颤、失调、嗜眠,在2天内死亡的概率为100%。

2. γ射线的穿透本领极强。γ射线是一种杀人武器,它比中子弹的威力大得多。中子弹是以中子流作为攻击的手段,但是中子的产额较少,只占核爆炸放出能量的很小一部分,所以杀伤范围只有500~700米,一般作为战术武器来使用。γ射线的杀伤范围,据说为方圆100万平方千米,这相当于以阿尔卑斯山为中心的整个

核辐射标志

物理能量转换世界 WULI NENGLIANG ZHUANHUAN SHIJIE

南欧。因此，它是一种极具威慑力的战略武器。

γ射线弹除杀伤力大外，还有两个突出的特点：

1. γ射线弹无需炸药引爆。一般的核弹都装有高爆炸药和雷管，所以贮存时易发生事故。而γ射线弹则没有引爆炸药，所以平时贮存安全得多。

2. γ射线弹没有爆炸效应。进行这种核试验不易被测量到，即使在敌方上空爆炸也不易被觉察。因此γ射线弹是很难防御的，正如美国前国防部长科恩在接受德国《世界报》的采访时说，"这种武器是无声的，具有瞬时效应。"可见，一旦这个"悄无声息"的杀手闯入战场，将成为影响战场格局的重要因素。

知识点

雷 姆

物理学单位。γ射线剂量当量的专用单位，是非法定计量单位。

一定的吸收剂量所产生的生物效应，除了与吸收剂量有密切关系外，还与电离辐射的类型、能量及照射条件等因素有关。对吸收剂量采取适当的修正因子后就可以与生物效应有直接的联系。修正后的吸收剂量即称为剂量当量，用字母H表示。剂量当量的国际单位制为希沃特。1雷姆＝0.01希沃特。

延伸阅读

伽马射线暴

在天文学界，伽马射线爆发被称作"伽马射线暴"。伽玛暴的能量非常高。但是大多数伽马射线会被地球的大气层阻挡，观测必须在地球之外进行。

冷战时期，美国发射了一系列的军事卫星来监测全球的核爆炸试验，在这些卫星上安装有伽马射线探测器，用于监视核爆炸所产生的大量的高能射线。

侦察卫星在1967年发现了来自浩瀚宇宙空间的伽马射线在短时间内突然增强的现象，人们称之为"伽马射线暴"。

伽马射线暴想象图

由于军事保密等因素，这个发现直到1973年才公布出来。这是一种让天文学家感到困惑的现象：一些伽马射线源会突然出现几秒钟，然后消失。这种爆发释放能量的功率非常高。一次伽马射线暴的"亮度"相当于全天所有伽马射线源"亮度"的总和。随后，不断有高能天文卫星对伽马射线暴进行监视，差不多每天都能观测到一两次的伽马射线暴。

伽马射线暴所释放的能量甚至可以和宇宙大爆炸相提并论。伽马射线暴的持续时间很短，长的一般为几十秒，短的只有十分之几秒。而且它的亮度变化也是复杂而且无规律的。但伽马射线暴所放出的能量却十分巨大，在若干秒钟时间内所放射出的伽马射线的能量相当于几百个太阳在其一生（100亿年）中所放出的总能量！

在1997年12月14日发生的伽马射线暴，它距离地球远达120亿光年，所释放的能量比超新星爆发还要大几百倍，在50秒内所释放出伽马射线能量就相当于整个银河系200年的总辐射能量。这个伽马射线暴在一两秒内，其亮度与除它以外的整个宇宙一样明亮。在它附近的几百千米范围内，再现了宇宙大爆炸后千分之一秒时的高温高密情形。

然而，1999年1月23日发生的伽马射线暴比这次更加猛烈，它所放出的能量是1997年那次的10倍，这也是人类迄今为止已知的最强大的伽马射线暴。

关于伽马射线暴的成因，至今世界上尚无定论。有人猜测它是两个中子星或两个黑洞发生碰撞时产生的；也有人猜想是大质量恒星在死亡时生成黑洞的过程中产生的，但这个过程要比超新星爆发剧烈得多，因而，也有人把它叫做"超超新星"。

电磁辐射的危害

随着人们生活节奏的加快和生活质量的提高，人们正在被越来越多的电子设备所笼罩。各种家用电器已经相当普及，电脑、手机几乎是人手一台，无线网络的发展也是如火如荼。人们在享受诸多方便和乐趣的同时，也开始注重电子高科技带来的负面效应：电磁辐射。

美国热播的电视剧《迷失》讲述了一架飞机坠落后幸存者在荒岛上遇到的一系列离奇事件，谜底渐渐揭开之时，观众发现原来飞机失事的始作俑者竟是巨大的电磁辐射。电视剧曲折跌宕的故事情节让公众见识了电磁辐射的威力。

其实，早在20多年前，电磁辐射就曾"显威"：前苏联曾发生过一起震惊世界的电脑杀人案，国际象棋大师尼古拉·古德科夫与一台超级电脑对弈时，突然被电脑释放的强大电流击毙。后经一系列调查证实，杀害古德科夫的罪魁祸首是外来的电磁波——电磁波干扰了电脑中已经编好的程序，导致超级电脑动作失误而突然放出强电流。

对大多数人来说，像《迷失》中所描述的情形和尼古拉的遭遇毕竟太遥远，但身边的电磁辐射究竟如何？

从理论上来讲，电场和磁场的交互变化产生电磁波，电磁波向空中发射的现象，叫电磁辐射。过量的电磁辐射便会造成电磁污染。在这个电子产品充斥的时代，环境中的电磁辐射几乎无处不在，尤其是摆满各种家电产品的房间，电磁辐射源更多。

通常情况下，电磁辐射能干扰电视的收看，使图像不清或变形，并发出噪声；会干扰收音机和通信系统工作，使自动控制装置发生故障，使飞机导航仪表发生错误和偏差，影响地面站对人造卫星、宇宙飞船的控制。

专家指出，并非所有的电磁辐射都会伤害人体，但电磁辐射超过一定强度便会造成电磁污染，电磁污染会对人体产生负面效应，如头疼、失眠、记忆力减退、血压升高或下降、心脏出现界限性异常等。

电磁辐射对人体危害程度则随波长而异，波长愈短对人体作用愈强。有资料显示，处于中、短波频段电磁场（高频电磁场）的操作人员，经受一定强度与时间的暴露，将产生身体不适感，严重者引起神经衰弱。如心血管系统的自主神经失调，但这种作用是可逆的，脱离作用区，经过一定时间的恢复，症状可以消失，并不成为永久性损伤。

处于超短波与微波电磁场中的人员，其受伤害程度要比中、短波严重。尤其是微波的危害更甚。在其作用下，人体除将部分能量反射外，部分被吸收后产生热效应。这种热效应是由于人体组织的分子反复地极向和非极向的运动摩擦而产生的。热效应引起体内温度升高，如果过热会引起损伤，一般以微波辐射最为有害。

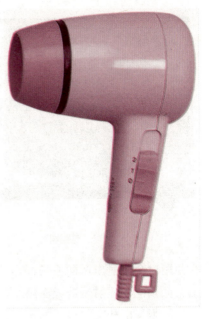
电吹风

这种危害主要的病理表现为：引起严重神经衰弱症状，最突出的是造成自主神经功能紊乱。在高强度与长时间作用下，对视觉器官造成严重损伤，同时对生育功能也有显著不良影响。

随着各种办公、家用电器的广泛使用，电磁辐射已经无处不在。而过量的电磁辐射势必给人体健康带来危害，为各种疾病的发生埋下隐患。

说到家用电器的辐射，我们很快就会想到电脑、电视机、微波炉，而往往却忽视了体积较小的电吹风，其实它才是"辐射大王"。因为使用电吹风时，辐射离头部距离比其他电器要近，所以辐射的危害不言而喻。特别是在开启和关闭时辐射最大，且功率越大辐射也越大。

电吹风导致的电磁辐射可以对人体造成影响和损害。会引起人体中枢神经和精神系统的功能障碍，主要表现为头晕、疲乏无力、记忆力减退、食欲下降、失眠、健忘等亚健康症状。因此，使用电吹风时，最好将电吹风与头部保持垂直；不要连续长时间使用，最好间断停歇。

电视机是现代家庭必备的家用电器，但电视机产生的电磁辐射不容忽

电视机

视。美国伯克利大学的查尔斯沃莱齐博士和瑞士的卢格医学教授，共同主持了一项关于电视对人体伤害的研究。他们得出结论，因为荧光屏前每平方英寸存在着2万~5万伏特的静电，加上荧光屏上显像的闪光和外在光源对荧光屏照射所引起的反光，以及低频电磁辐射等，会对人体的健康造成较大的影响。

特别值得一提的是低频电磁辐射，更是人体的大敌。电视机在使用时会放射出不同波长的电磁波，辐射剂量大得惊人。美国医学专家指出，低频电磁辐射是造成血癌、孕妇流产、死胎、畸形儿的主要原因之一，会干扰细胞释出和吸收钙质的速度，容易造成儿童骨骼发育不正常，还能引起头痛、神经质、睡眠不安、晨起疲乏和意志消沉等。

电脑，作为一种现代高科技的产物和电器设备，在给人们的生活和工作带来更多便利、高效与欢乐的同时，也存在着一些有害于人类健康的不利因素。

电脑对人类健康的隐患，从辐射类型来看，主要包括电脑在工作时产生和发出的电磁辐射（各种电磁射线和电磁波等）、声（噪声）、光（紫外线、红外线辐射以及可见光等）等多种辐射"污染"。

从辐射根源来看，它们包括CRT显示器辐射源、机箱辐射源以及音箱、打印机、复印机等周边设备辐射源。其中CRT（阴极射线管）显示器的成像原理，决定了它在使用过程中难以完全消除有害辐射。因为它在工作时，其内部的高频电子枪、偏转线圈、高压包以及周边电路，会产生诸如电离辐射（低能X射线）、非电离辐射（低频、高频辐射）、静电电场、光辐射（包括紫外线、红外线辐射和可见光等）等多种射线及电磁波。而液晶显示器则是利用液晶的物理特性，其工作原理与CRT显示器完全不同，天生就是无辐射（可忽略不计）、环保的"健康"型显示器；机箱内部的各种部件，包括高频率、功耗大的CPU，带有内部集成大量晶体管的主芯片的各个板卡，带有高速直流伺服电机的光驱、软驱和硬盘，若干个散热风扇以及电源内部的变压器等等，工作时则会发出低频电磁波等辐射和噪声干扰。另外，外置音箱、复印机等周边设备辐射源也是一个不容忽视的"源头"。

从危害程度来看，无疑以电磁辐射的危害最大。

随着现代通讯技术的发展与进步，手机这种现代化的移动通讯工具，正因其具有有线电话所无法比拟的便利性而受到越来越多的人喜爱，使用手机的人也越来越多。由于使用手机时须靠近对电磁辐射十分敏感的人体器官——大脑，手机的辐射到底对人体有多大危害，如何把危害的程度降到最低，成了手机用户最关心的问题。

CRT 显示器

常用手机的人经常遇到这样的情景：电话打进或拨出的时候，边上的收音机就会有刺耳的"嗞嗞"声，这时如果把手机放在电视或电脑旁边，显示屏上的图像立即会强烈扭曲。这就是手机微波辐射的威力。

手机微波辐射对电视、电脑、电话的干扰如此明显，那么对人体（特别是大脑）有多大的危害呢？

很多医学研究机构已经对人们提出了种种警告，国外还发生了几十起控告手机引发脑癌的诉讼案。德国医学研究人员最近的研究表明，手机辐射会使用户的血压有较大幅度的升高。另外，许多用户反映使用移动电话有头晕、头痛、失眠、皮肤瘙痒、食欲减退等不良反应。

手机会对人的中枢神经系统造成功能性障碍，引起头痛、头昏、失眠、多梦和脱发等症状，有的人面部还会有刺激感。有关研究报告指出，长期使用手机的人患脑癌的机会比不用的人高出30％。

许多人喜欢把手机挂在胸前，但是研究表明，手机挂在胸前，会对心脏和内分泌系统产生一定影响。心脏功能不全、心律不齐的人尤其要注意不能把手机挂在胸前。有专家认为，电磁辐射还会影响内分泌功能，导致女性月经失调。另外，电磁波辐射还会影响正常的细胞代谢，造成体内钾、钙、钠等金属离子紊乱。

有医学专家指出，手机若常挂在人体的腰部或腹部旁，其收发信号时产生的电磁波将辐射到人体内的精子或卵子，这可能会影响使用者的生育功能。

尽管电磁辐射无时不在、无处不在，但只要掌握足够的辐射知识和计算机的正确使用方法，我们完全不用为其电磁辐射感到恐慌。

知识点

CRT 显示器

CRT 显示器是一种使用阴极射线管的显示器，阴极射线管主要由 5 部分组成：电子枪、偏转线圈、荫罩、高压石墨电极和荧光粉涂层及玻璃外壳。

CRT 显示器是应用最广泛的显示器之一，CRT 纯平显示器具有可视角度大、无坏点、色彩还原度高、色度均匀、可调节的多分辨率模式、响应时间极短等液晶显示器难以超过的优点。

延伸阅读

手机辐射与航空事故

飞机拒绝"手机"恐怕已是尽人皆知了。

坐过民航班机的乘客都有这样的经验：飞机未起飞时、飞行中、降落前广播都会告诫乘客不要使用移动电话。这个通知太重要了，它不仅关系到飞机的安全，也直接关系到数十人乃至数百人的生命财产安全，这决不是危言耸听！

移动电话是高频无线通信，其辐射频率多在 800 兆赫以上，而飞机上的导航系统又最怕高频干扰，飞行中若有人用移动电话，就极有可能导致飞机的电子控制系统出现误动，使飞机失控，发生重大事故。这样的惨痛教训已屡见不鲜。

1991 年英国劳达航空公司的那次触目惊心的空难至今令人难忘，有 223 人死于这次空难。据有关部门分析，这次空难极有可能是机上有人使用笔记本电脑、移动电话等便携式电子设备，它释放的频率信号启动了飞机的反向推动器致使机毁人亡。

1996年10月巴西TAM航空公司的一架"霍克–100"飞机也莫名其妙地坠毁了，机上人员全部遇难，甚至地面上的市民也有数人惨遭不幸，这是历史上又一次空难事件。专家们调查事故原因后认为，机上有乘客使用移动电话极有可能是造成飞机坠毁的元凶。也就是源于这次空难巴西空军部民航局研拟了一项关于严格限制旅客在飞行时使用移动电话的法案。

1998年初，台湾华航一班机坠毁，参与调查的法国专家怀疑有人在飞机坠毁前打移动电话，导致通信受到干扰，致使飞机与控制塔失去联络最后坠毁。